안테나 설계 및 실습

손 태 호 저

도서출판 상 학 당

不爲也 非不能也

하지 않은 것이지 하지 못한 것이 아니다

머리말

안테나(Antenna)란 전압 전류형태의 신호 및 전력을 전자파로 바꾸어주는 장치이다. 안테나는 가역정리가 성립되므로 전자파를 역시 전압·전류형태의 신호 및 전력으로도 바꾸어 준다. 안테나공학은 고등수학을 사용하고도 풀지 못하는 경우가 허다하다. 저자가 공부할 때도 안테나공학에 대한 연구는 안테나의 특성 해를 구하기 위한 수치해석과 정확한 안테나 해석을 위한 수식전개가 주된 연구였다.

따라서 수학을 싫어하거나 약한 학생들은 기피의 학문이었다. 그러나 그간의 컴퓨터를 이용한 설계 툴(tool)의 눈부신 발전으로 이러한 경향에서 차츰 탈피되어가고 있다. 고도로 발전되어가는 정보통신 사회에서 빠른 해석과 설계에 의한 안테나 제품이 요구됨으로써 설계 툴에 의한 제품화가 요구되고 있는 것이 현실이다. 따라서 안테나에 대한 기초지식만 가져도 컴퓨터의 도움을 받아 안테나를 보다 쉽게 설계할 수 있기 때문에 여학생들까지도 인기가 있는 학문으로 변모하고 있다. 하지만 모든 학문이 그러하듯이 참신한 아이디어와 튼튼한 기초지식이 필요한 것은 안테나공학에서도 예외일 순 없다.

이 교재는 유한요소법을 근간으로 하는 HFSS(High Frequency Structure Simulator)를 사용함으로써 보다 정확하게 안테나를 해석하고 설계할 수 있도록 구성하였다. 정보통신산업에서 가장 보편화된 안테나와 21세기 기술의 총아인 RFID 및 휴대단말기에 적용되는 안테나를 HFSS로 설계하여 이의 유용성을 보인다. 이 교재를 기초로 하여 설계법을 익히면 여타의 많은 안테나를 설계할 수 있을 것이다.

저자 씀

차 례

제1장 설계 Tool 및 측정장비 소개

제2장 Wire 안테나 설계 및 제작

제3장 RFID용 안테나 설계

제4장 휴대폰용 내장형 안테나

부 록

제1장

설계 Tool 및 측정장비 소개

1-1 Ansoft HFSS 설계 툴

1-2 Network Analyzer

1-3 무반사실 방사 챔버 장비

1-4 납땜 방법

1-1 Ansoft HFSS 설계 툴

1. 개 요

HFSS(High Frequency Structure Simulator)는 1989년에 세계에서 Ansoft가 최초로 개발하여 제공하기 시작하여 마이크로파 디바이스 설계에 있어 업계 표준이 되고 있는 주파수영역의 3차원 전자계 EM(ElectroMagnetics) 해석 Tool이다. HFSS는 RF 및 마이크로파의 Component를 시작으로 안테나, 고속 집적회로(IC), 프린트기판(PCB), IC 패키지 등 모든 분야에 적응이 가능하고, 디바이스 형상, 재료물성치, 해석주파수를 입력하는 것만으로 빠른 속도와 높은 정확도의 해석이 가능하다. 또한, Optimetrics(Add-On 모듈)의 사용으로 설계 최적치의 자동 산출은 물론 감도해석이나 통계해석이 가능하게 되어 설계의 효율화를 증대시킬 수 있다.

1) 해석대상

- 소자 : Coupler, Filter, Isolator, Divider, Chip capacitor/inductor, Ferrite bead 등
- 각종 안테나 : 패치 안테나, 폰 안테나, 어레이 안테나, 비발디 안테나 등
- 각종 케이블 : 동축케이블, Twist-pair 케이블, Ribbon 케이블 등
- 각종 IC Package : Lead type(QFP, DIP, PLCC, SO, etc), PGA, BGA(Wire bond, Flipchip), TAB, Power 반도체 IGBT, Power FET/MOSFET, DBC 기판, etc), MCM 등
- 각종 커넥터 : 동축 커넥터, Pararell 커넥터(케이블 커넥터, 카드 커넥터, etc) Socket 등
- 프린트기판 : VIA, Nand, 전송선로, Meshed Plane, Rigid / flexible PCB
- 여기에서는 안테나에 대해서 설계와 해석을 한다.

2) 주요 특징

- 3차원 유한요소법에 의한 Full-Wave 해석
- 2개의 해석 엔진
  - 주파수응답 해석
  - 고유치 해석(공전모드 해석)
- 업계표준 ACIS Kernel을 채용한 3D 모델러
- 형상의 디자인, 재료물 특성의 변수화가 가능
- Adaptive Auto Mesh
  - 모델에 대한 Mesh 생성(요소분할)이 전자동
- 풍부한 Report 기능
  - SYZ Parameters, XY(2D) Plot, Smith Chart
  - Board 면의 특성 Impedance
  - Differential S-Parameter
  - Touchstone format Output
  - TDR Plot
- Full-Wave Spice 모델생성(Add-On 모듈)
  - HSpice, PSpice, MATLAB, Spectre-RF
- Field 표시
  - 전장, 자장, 전류밀도 등
  - 방사패턴, Far-field 원장 등
- VB 스크립트, java 스크립트 지원
  - 작업내역을 쉽게 스크립트 작성이 가능
- Optimetrics(Add-On 모듈)
  - 자동최적화, 파라메트릭 해석, 감도해석, 통계해석
- 충실한 CAD Interface
  - 프린트기판, BGA Package, IC Layout

    AnsoftLinks(Add-On 모듈)

    Cadence : Allegro/APD/Virtuoso

    Zuken : CR5000 Board Designer

Synopsys : Encore

Mentor Graphics : Board Station/Expedition Design

– 범용 3D 포맷(커넥터, Power Transistor, etc.)

ACIS, DWG, DXF, GDSII…표준으로 Import 가능

STEP, IGES…AnsoftLinks(Add-On모듈)에 의해 Import 가능

- Multi-process 지원(Add-On 모듈)

2. 메뉴 설명

(1) HFSS 10을 실행하면 그림 1-1-1과 같은 창이 뜬다.

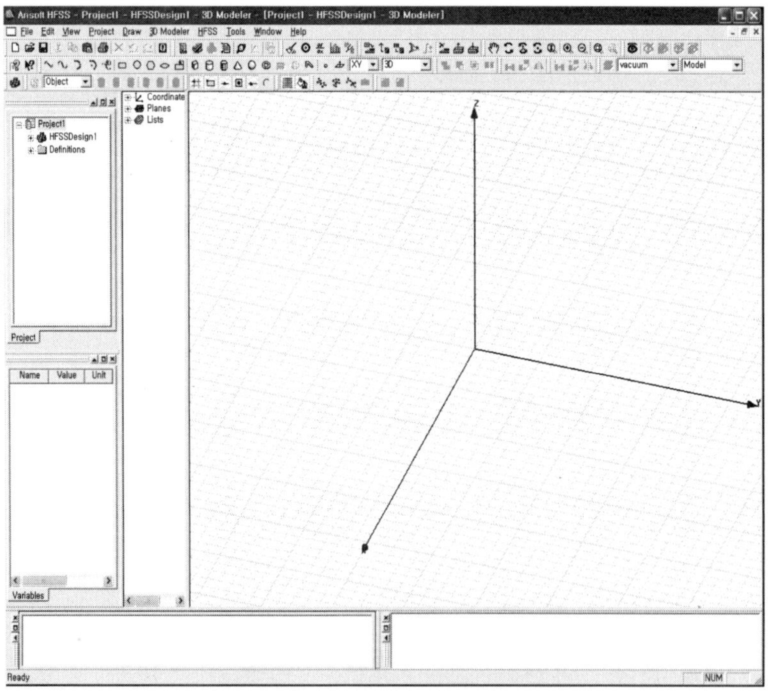

그림 1-1-1. HFSS 실행 첫 화면

(2) HFSS의 메뉴에 대한 설명은 다음과 같다.

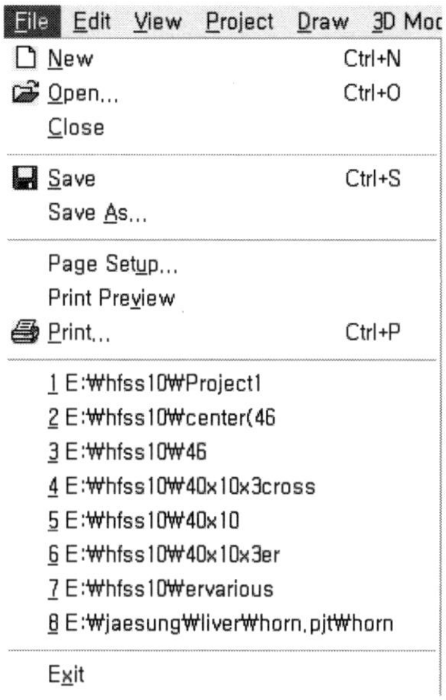

File 메뉴

New	새 프로젝트 생성
Open	프로젝트 열기
Close	프로젝트 닫기

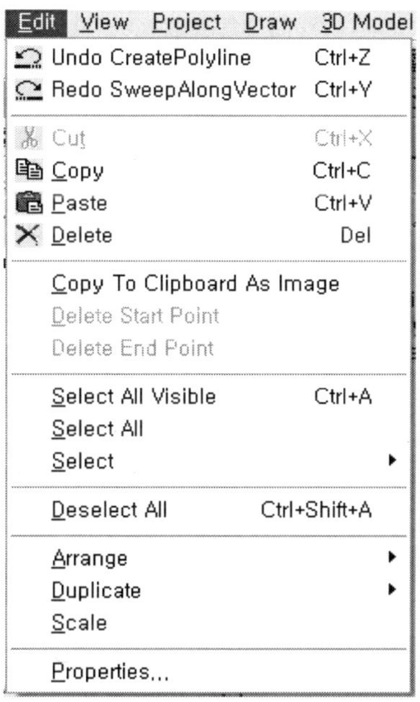

Edit 메뉴

Undo	뒤로 되돌리기
Redo	앞으로 되돌리기
Copy To Clipboard As Image	클립보드로 복사
Select	개체 선택
Arrange	이동하기, 돌리기 등
Duplicate	복사해서 이동하기, 돌리기 등
Scale	현 크기에서 몇 배로 줄이거나 키우기
Properties	선택 개체의 특성보기

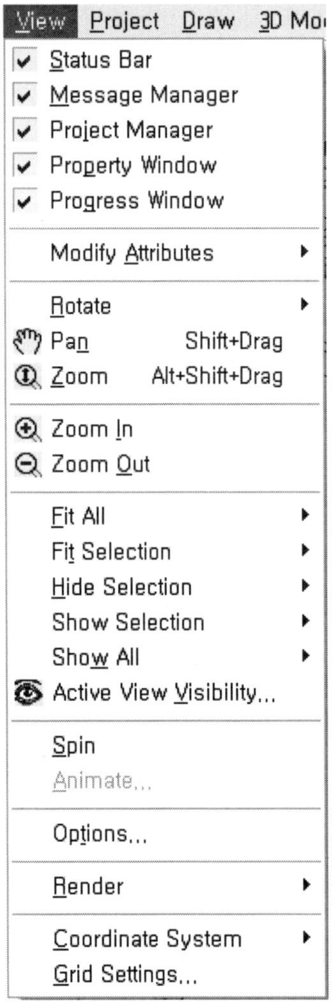

View 메뉴	
Toolbar	보기, 감추기
Rotate(Alt)	시점변화
Pan(Shift+Drag)	클립보드로 복사
Zoom(Alt+Shift+Drag)	(마우스) 밀기 : 줌인 / 당기기: 줌아웃
Arrange	이동하기, 돌리기 등
Duplication	복사해서 이동하기, 돌리기 등
Scale	현 크기에서 몇 배로 줄이거나 키우기
Properties	선택개체의 특성보기
Visual	Hide와 Show 선택
Spin	자동으로 돌려보기

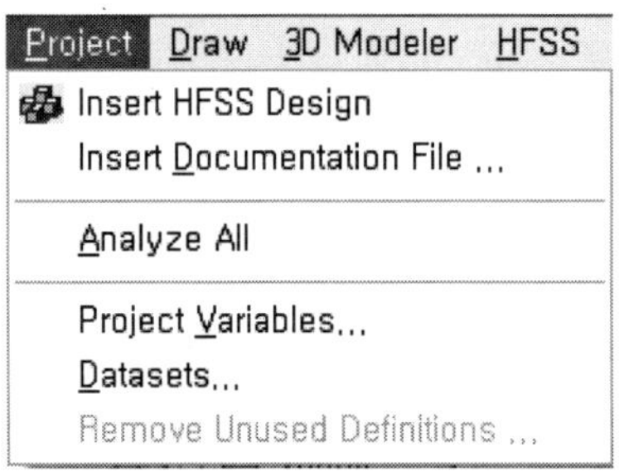

Project 메뉴	
Insert	Project 밑에 Design 추가
Document	프로젝트에 문서파일 추가
Analyze All	모든 프로젝트 해석하기

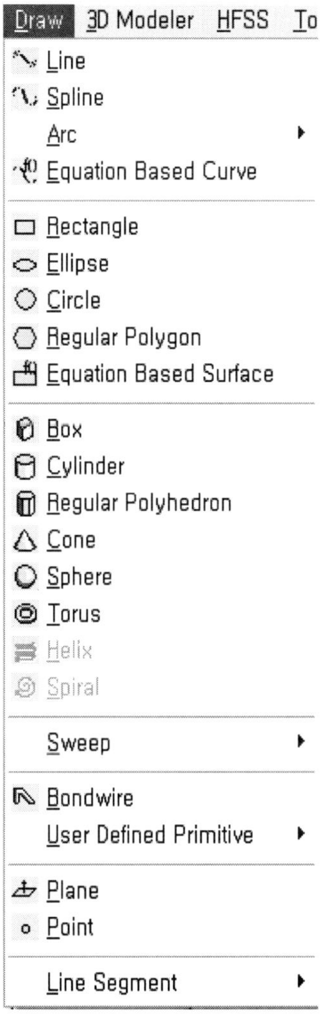

Draw 메뉴	
Line	라인 그리기
Spline	곡선 그리기
Arc	호 그리기
Ellipse	타원 그리기
Circle	원 그리기
Regular polygon	각진 원 그리기
box	박스 그리기
Cylinder	원통 그리기
Rectangle	각진 원통 그리기
Cone	원뿔 그리기
Sphere	구 그리기
Torus	도넛 모양 그리기
Helix	Helical 안테나 그리기(꼬인 그림)
Spiral	달팽이모양 그리기

* Helix와 Spiral은 면이나 선을 선택 후 그리기 가능

Sweep	축이나 한 점을 기준으로 개체변화
Bondwire	Wire 그리기
Plane	평면

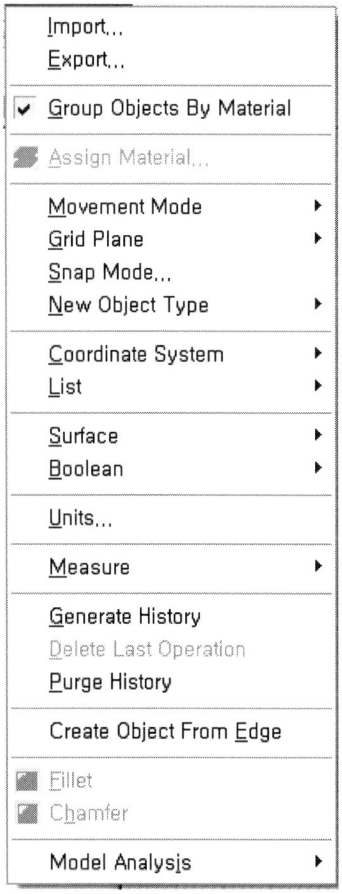

3D Modeler 메뉴

Import	다른 프로그램과 호환 가능한 파일로 저장
Export	호환 가능한 파일 불러오기
Surface	표면의 조건 바꾸기
Boolean	합치기, 빼기 등 수행
Units	단위조정(mm, cm, m 등)
Measure	위치, 길이, 부피 등 계산

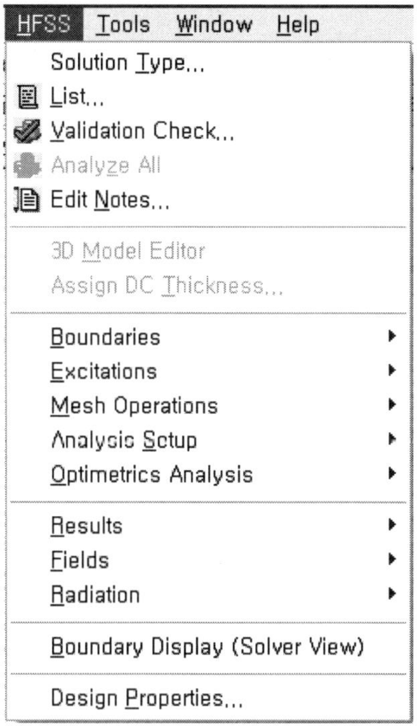

HFSS 메뉴	
Solution Type	해석 시 타입 설정
Validation Check	모델에 이상 있는지 점검
Boundaries	바운더리 설정
Excitation	포트 등 설정
Mesh Operations	메쉬 설정
Analysis Setup	해석 방법 설정
Results	결과 보기
Fields	필드 보기
Radiation	방사패턴을 보고 싶을 때 실행

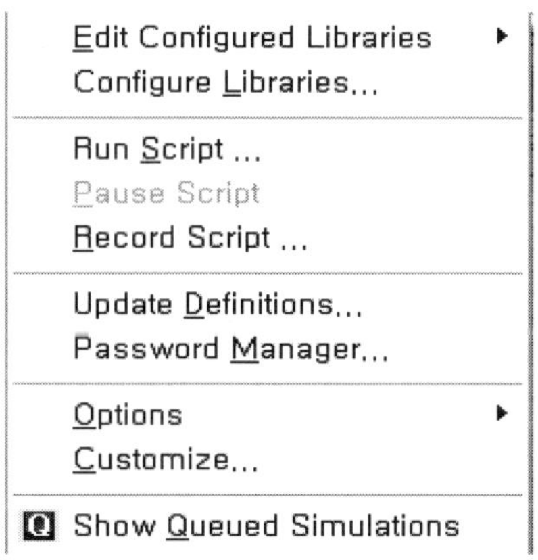

Tool 메뉴	
Edit configured Libraries	라이브러리에 매질 추가
Configure Libraries	라이브러리 파일 위치변경
Options	HFSS의 일반적인 옵션 설정

단축 아이콘 역시 메뉴와 똑같으며, 단축 아이콘에 마우스를 가져가면 어떤 아이콘인지 알 수 있다. 아이콘의 위치와 실행에 대해서는 반드시 알고 있어야 한다. 다음은 실제 모델을 그려보라.

3. 모델링

1) 박스 그리기

위의 그림에서와 같이 Toolbar에서 박스모양을 클릭한 후 그리기를 시작할 점을 찍는다. 아래 그림에서는 원점(0, 0, 0)을 선택하였다.

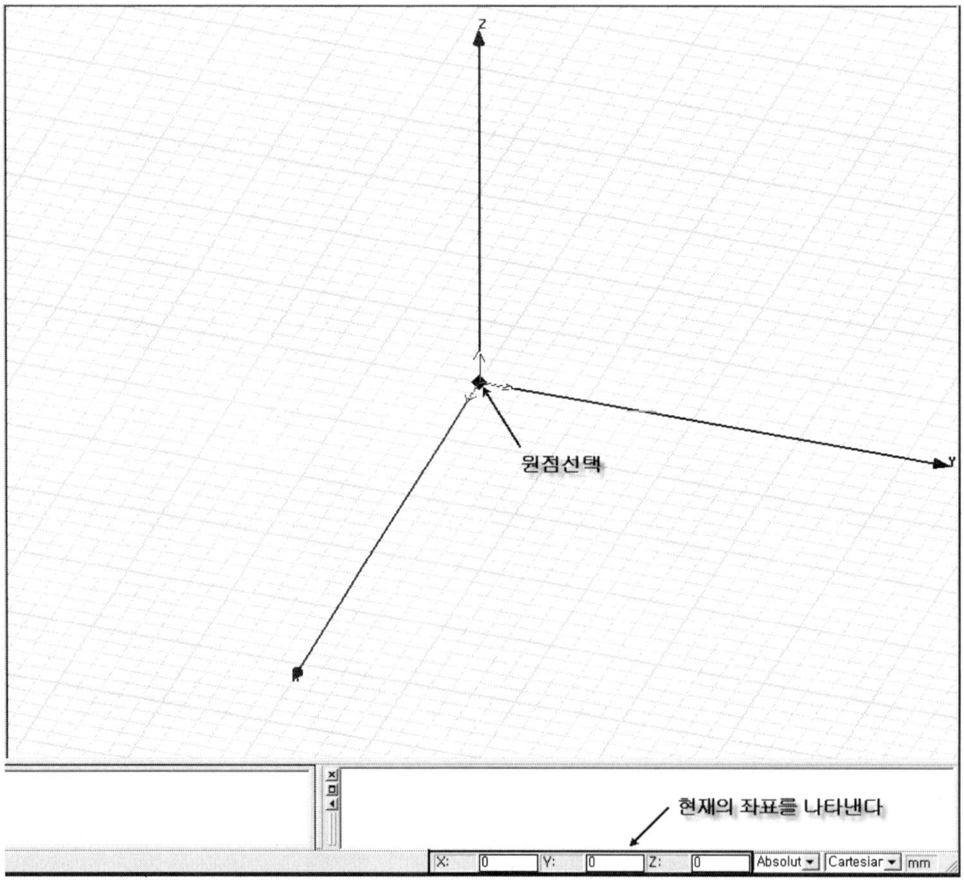

원점을 선택한 후 다음 장의 그림과 같이 TAB키를 눌러 X, Y, Z의 크기를 적는다. 이때 X, Y, Z에 숫자를 적어줘도 되고, 직접 마우스로 클릭해가며 그려도 된다(예로 X:10 Y:10 Z:1 기입).

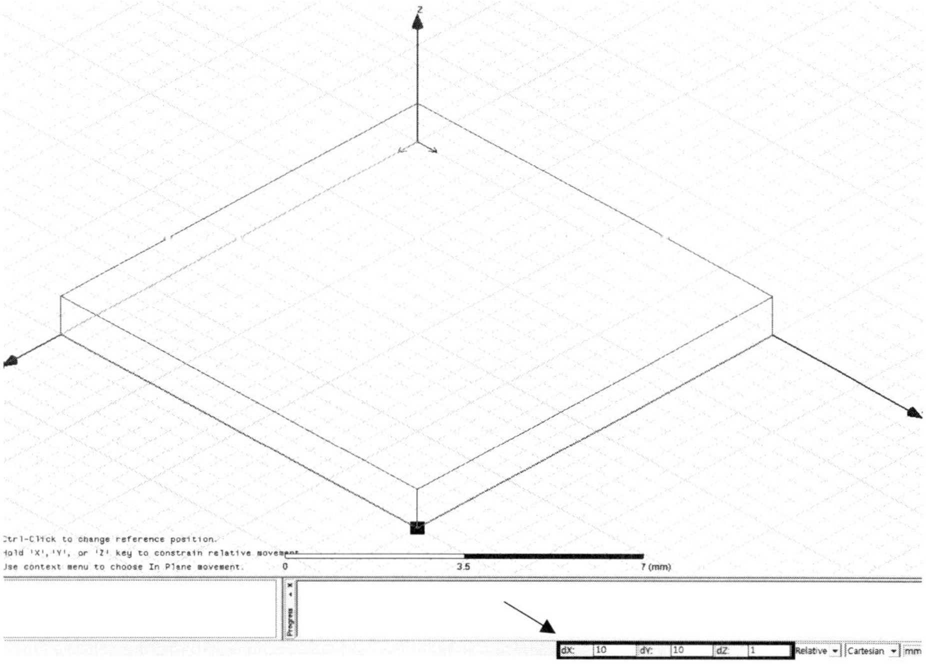

다른 모양인 Line, Rectangular, Circle, Cone, Sphere 등도 모두 위와 같은 방법으로 그린다.

2) Unite, Subtract, Intersect

① Unite : 선택된 개체들을 합쳐준다.

클릭

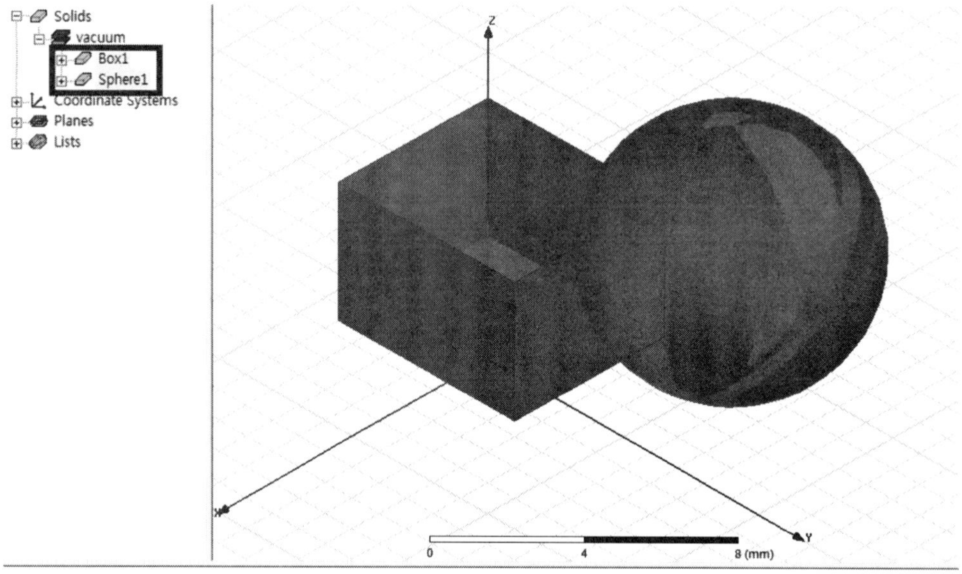

위 그림에 Vacuum에 Box1과 Sphere1이 있는 것을 볼 수 있다.

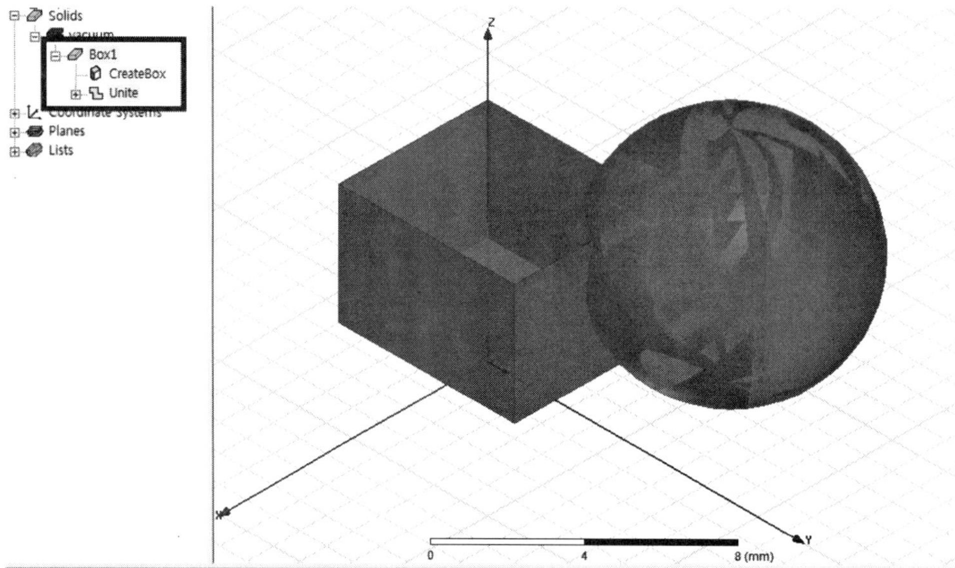

Unite되어서 Solids에서 Box1 하나만 있는 것을 볼 수 있다.

⇨ 두 개 이상을 Unite할 시 가장 먼저 선택한 이름으로 저장되며 하단에 Unite된 내역이 나온다.

㉑ 오른쪽 그림과 같이 아래쪽 원통은(반지름 1mm, 높이 5mm) 위쪽 원통은(반지름 0.5mm, 높이 3mm)를 그린 후 이 두 개를 Unite하여라.

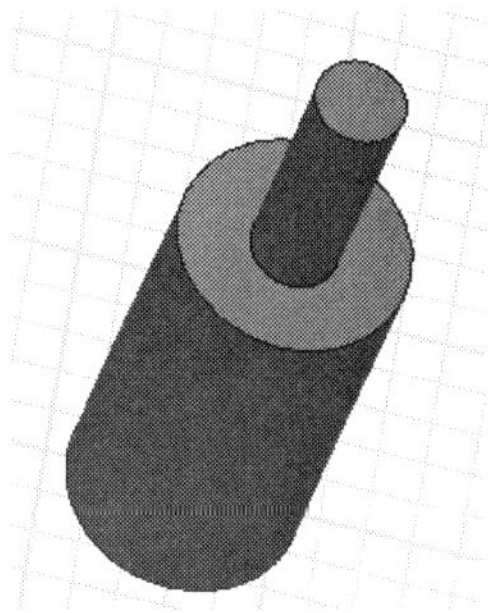

② Subtract : 선택된 개체에서 개체를 빼 줄 때 사용한다.

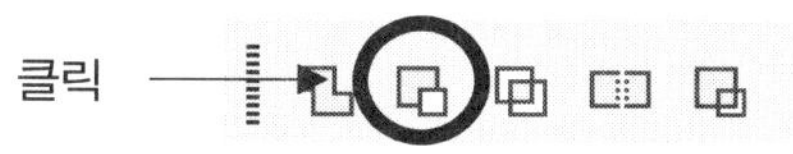

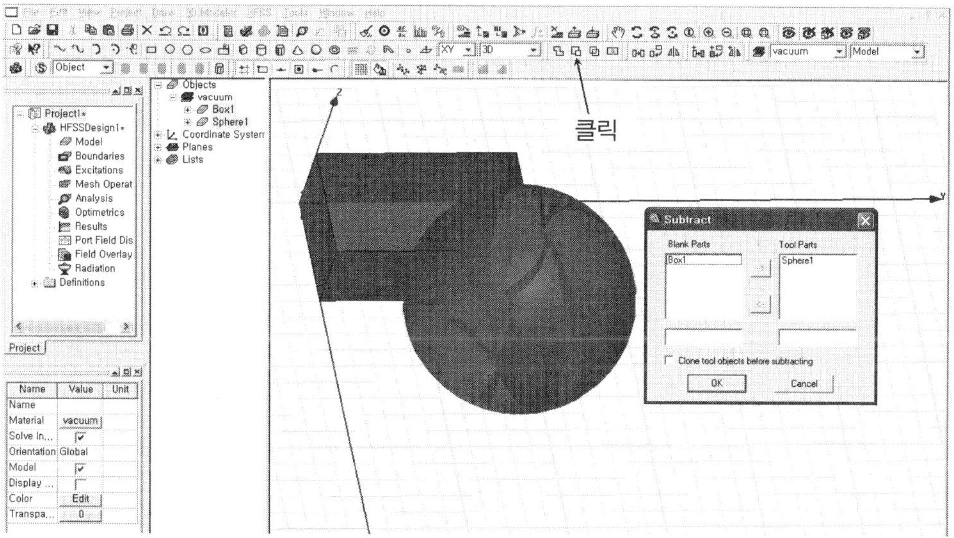

왼쪽 칸에 빼어질 그림을 선택하고 오른쪽 칸에 빼고 싶은 그림을 선택하고 OK를 누른다(예로 Box1을 먼저 선택한 후 Sphere1을 선택).

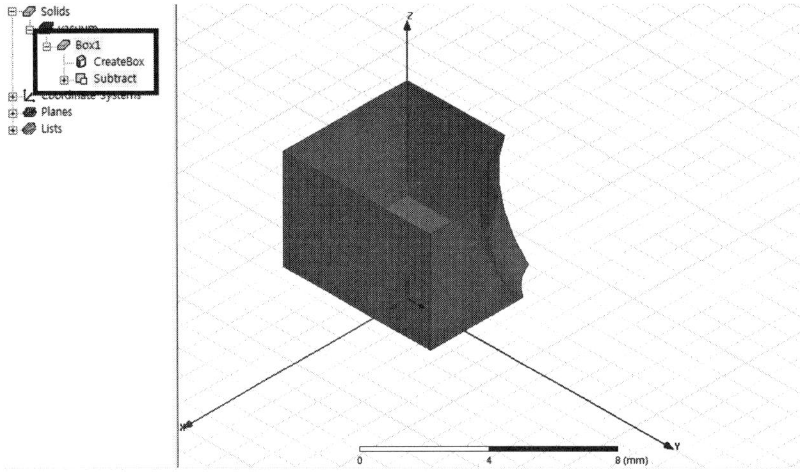

예 오른쪽 그림과 같이 3×3×1(가로×세로×높이)의 박스에서 가운데 1×1×1(중앙에 위치)의 박스를 뺀 그림을 그려라.

③ Intersect : 겹치는 부분만 남겨준다.

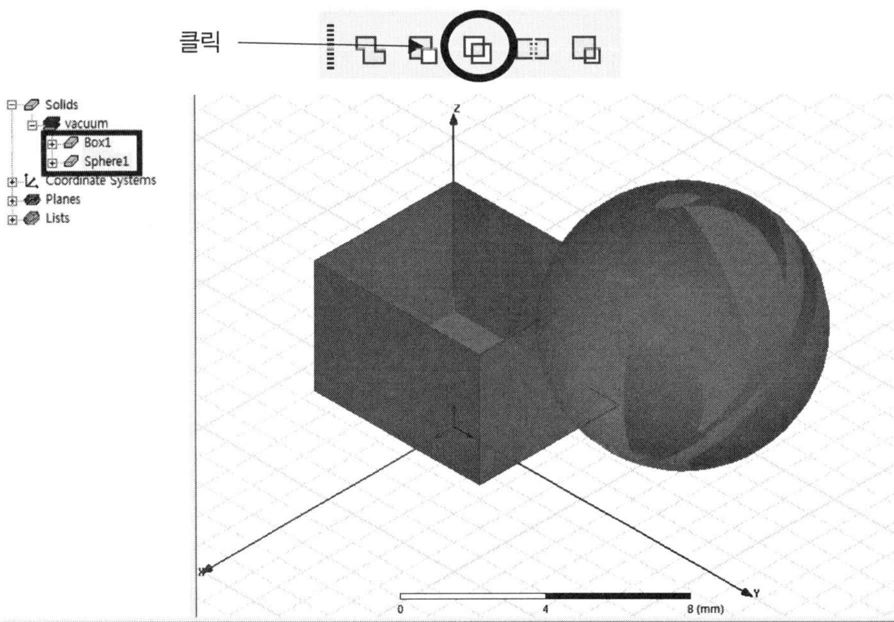

겹친 부분만 남게 할 도형들을 선택한 후 Intersect를 클릭한다.

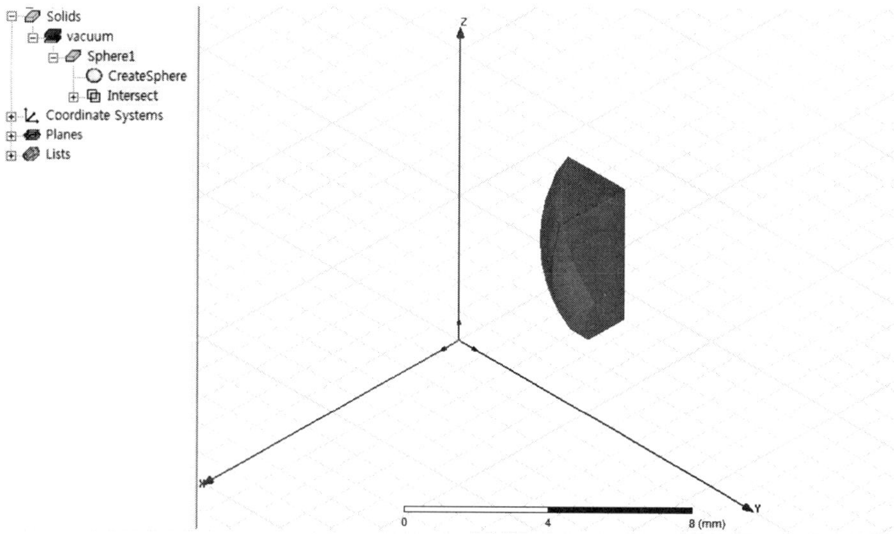

예 오른쪽 그림과 같은 반지름 1mm, 높이 1mm의 그림을 Intersect를 사용하여 그려라.

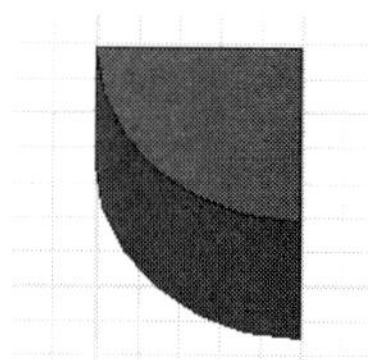

3) Sweep 기능

- Tool의 사용을 좀 더 쉽게 하기 위해서는 Sweep를 잘 활용하여야 한다.
- Sweep는 Vector(벡터 방향)와 Axis(축방향)로 나누어진다.
- 이때 Sweep는 면만 된다는 것을 기억한다.

먼저 Vector에 대해 알아보면 왼쪽 그림에서 오른쪽 그림으로 변환하기 위해 Sweep를 사용하면 쉽게 디자인할 수 있다.

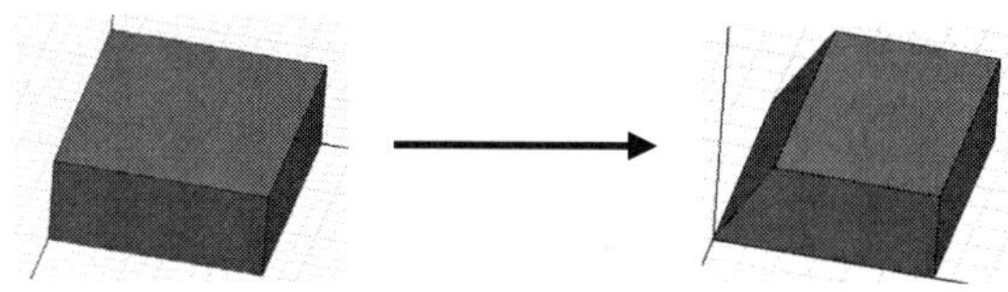

- Draw Line을 이용하여 같은 Plane을 그린다.
- 메뉴에서 Draw를 클릭하여 Sweep의 Along Vector를 클릭한다.

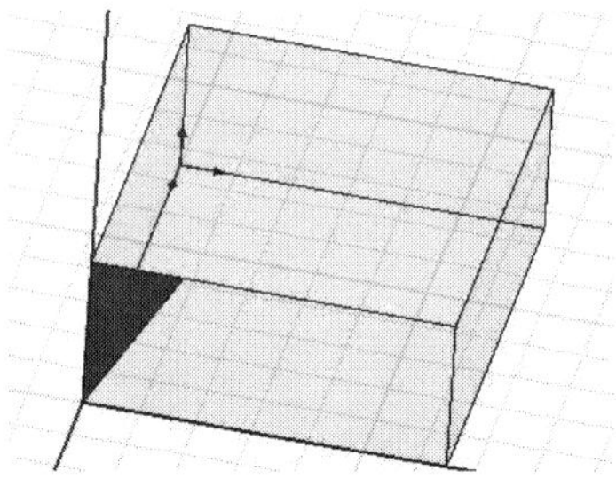

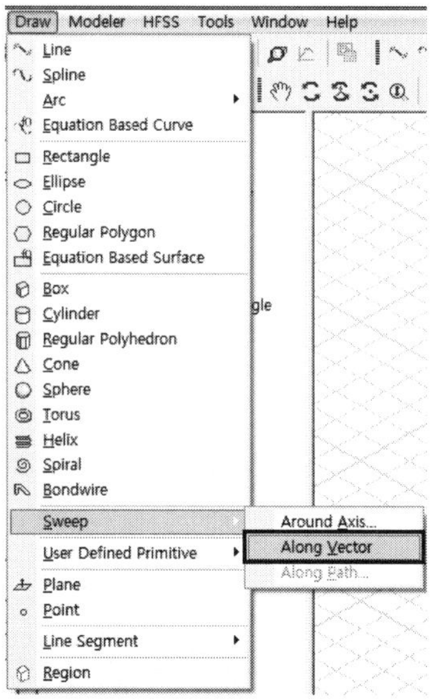

- 아래와 같이 기준점을 클릭하고 목적점을 클릭한다.

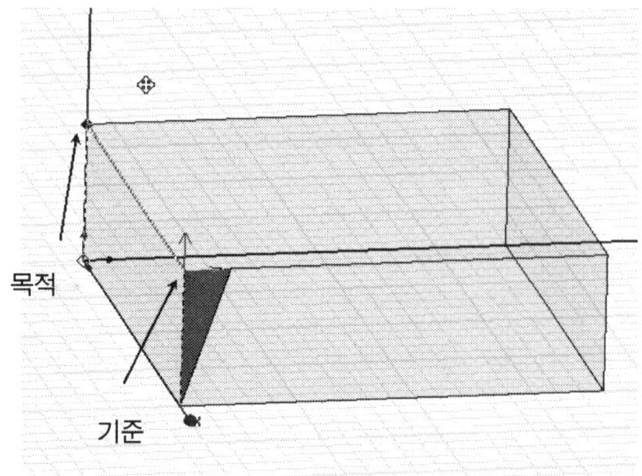

• 아래의 왼쪽 그림과 같이 그려지면 Subtract를 사용해 목표한 형태를 완성한다.

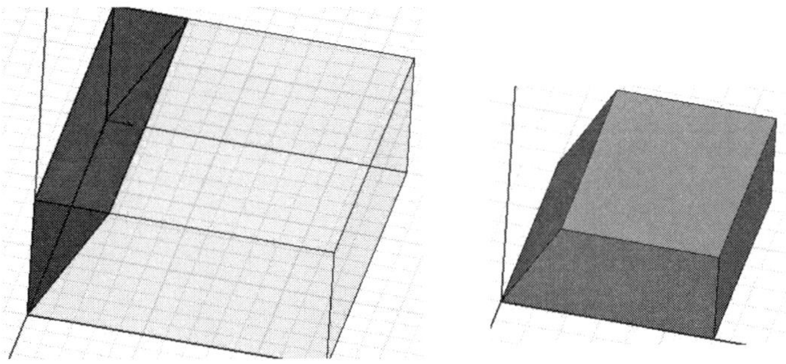

예 위의 오른쪽과 같은 그림(치수는 마음대로)을 박스 아이콘을 사용하지 않고 Draw Line을 사용해 Sweep으로 그려보라.

4) Axis

아래 왼쪽과 같은 그림을 그릴 때는 Axis를 사용한다. 이때 Axis는 원점을 기준으로 Sweep이 된다.

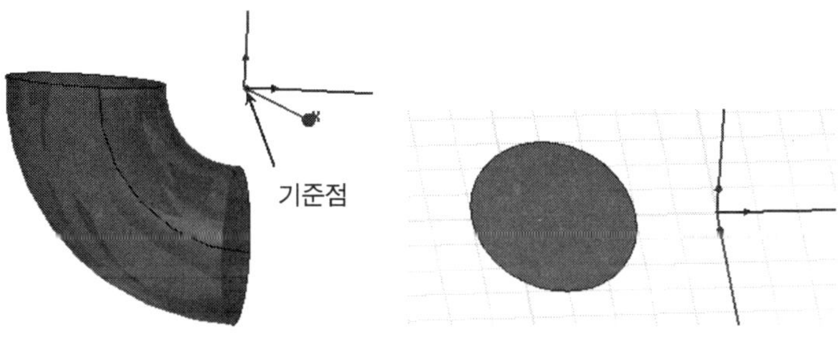

오른쪽 그림과 같이 원을 그린 후 원점을 기준점으로 이동시킨다.

Sweep에서 Axis를 선택하면 다음과 같은 창이 뜬다. 이를 보면 x축을 기준으로 Sweep을 한 것을 알 수 있다. 그리고 Sweep의 각도는 +90도이므로 angle을 90도로 한다.

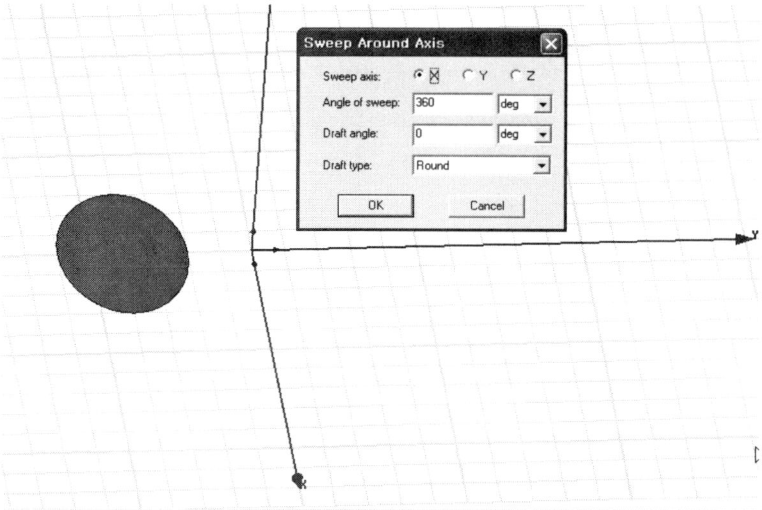

예 반지름 1mm, 높이 5mm의 원통을 원통그리기를 사용하지 말고 그려라.
(이때 Line과 Sweep 기능을 사용한다)

다음은 패치 안테나를 직접 그리면서 HFSS의 모델링 방법과 매질설정 등에 대해 자세히 알아보도록 한다.

4. 패치 안테나 디자인

SPEC. $\varepsilon_r=4.3$, loss tangent=0.019, h=1.2mm인 Epoxy 기판에 중심주파수 1.8GHz인 사각형 패치 안테나를 $\lambda/4$트랜스로 정합한 마이크로스트립 급전을 사용하여 설계하라.

해 CAD 프로그램으로 W와 L의 길이를 구해보면 W=5.12cm, L=3.963cm이고 이때 입력 임피던스는 약 95Ω임을 알 수 있고, 95Ω과 포트 50Ω을 $\lambda/4$ 정합을 하면 약 69Ω에 길이 24.709mm, 폭 1.27mm이다. 이를 이용해 HFSS로 그리도록 한다(이때 각 개체에 대해서 사용자가 이름을 지정해 주는 것이 좋다).

1) 설계하기

(1) 안테나 그리기

아래 그림과 같이 가로 51.2mm, 세로 39.63mm의 사각형을 그린다.

(2) 정합 단, 50Ω 그리기

아래 그림과 같이 패치 안테나의 중앙에 λ/4 정합단을 그리고 50Ω 부분도 그려 준다(이때 50Ω 라인을 그려주는 이유는 실제 포트를 부착 시 길이를 고려한 것으로 약 5mm정도를 그려주면 된다). 이때 이 부분들은 Unite한다.

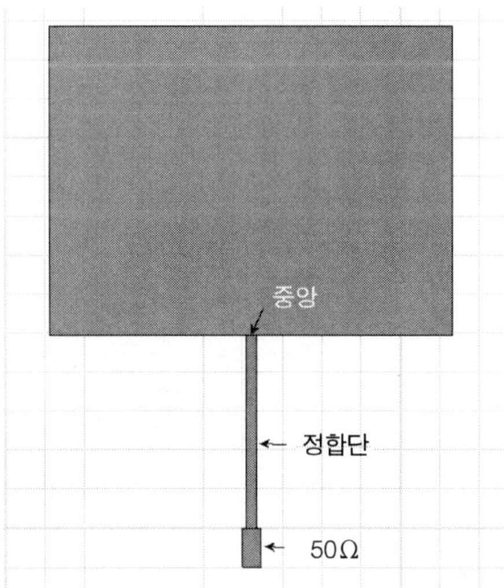

(3) 기판 그리기

아래 그림과 같이 패치가 기판에 중앙에 오도록 그린다. 이때 기판의 크기는 b가 a의 $\frac{1}{3}\sim\frac{1}{2}$ 사이, d역시 c의 $\frac{1}{3}\sim\frac{1}{2}$ 정도가 되도록 그린다.

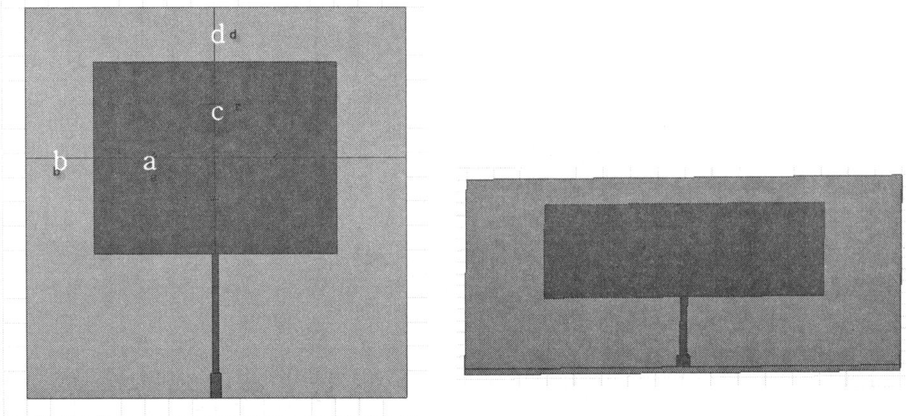

(4) 그라운드 그리기

아래 그림과 같이 3D인 기판의 밑면에 2D로 기판 크기와 같은 크기의 그라운드를 그린다.

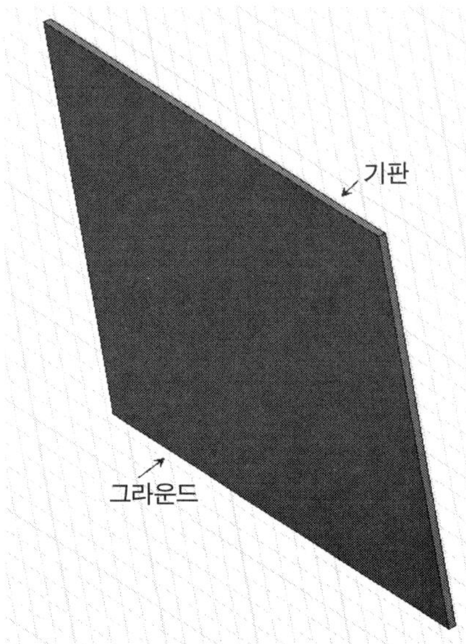

(5) 포트 그리기

아래 그림과 같이 포트를 그려준다. 여기선 (2×8×3)의 크기로 포트를 지정하였으나 이 크기에 대한 설명은 www.rfdh.com에 자세히 나와 있으니 참고한다.

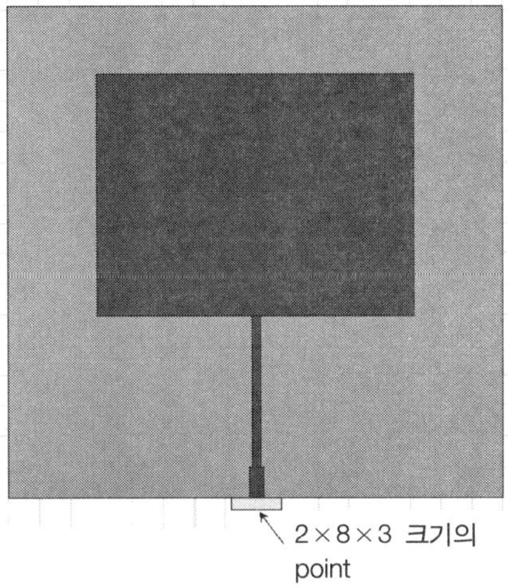

(6) Air 그리기

아래의 그림과 같이 Air를 그린다. 이때 패치 안테나가 에어의 정중앙에 오도록 그린다(완성도는 다음 페이지 오른쪽 그림과 같음).

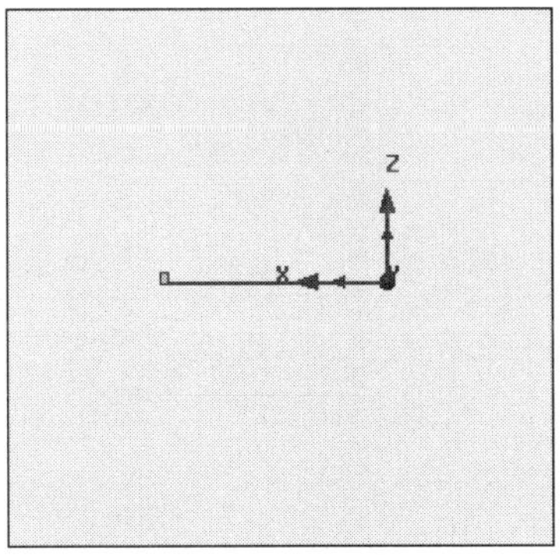

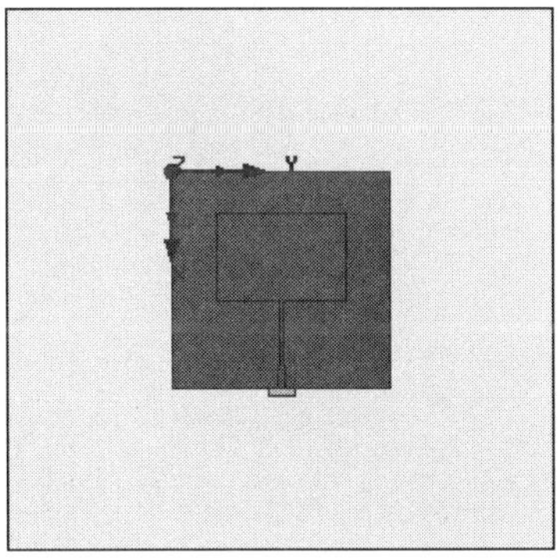

(7) 개체이름 설정하기

디자인 시에 Box나 Rectangular 등을 선택해서 그리면 개체이름이 box1, 2, 3... 이런 식으로 자동으로 설정이 된다. 하지만 매번 그릴 때마다 개체에 사용자가 알아보기 쉬운 이름을 붙이도록 한다. 복잡한 그림을 그릴 때 이런 것들을 무시하게 되면 난감하게 된다.

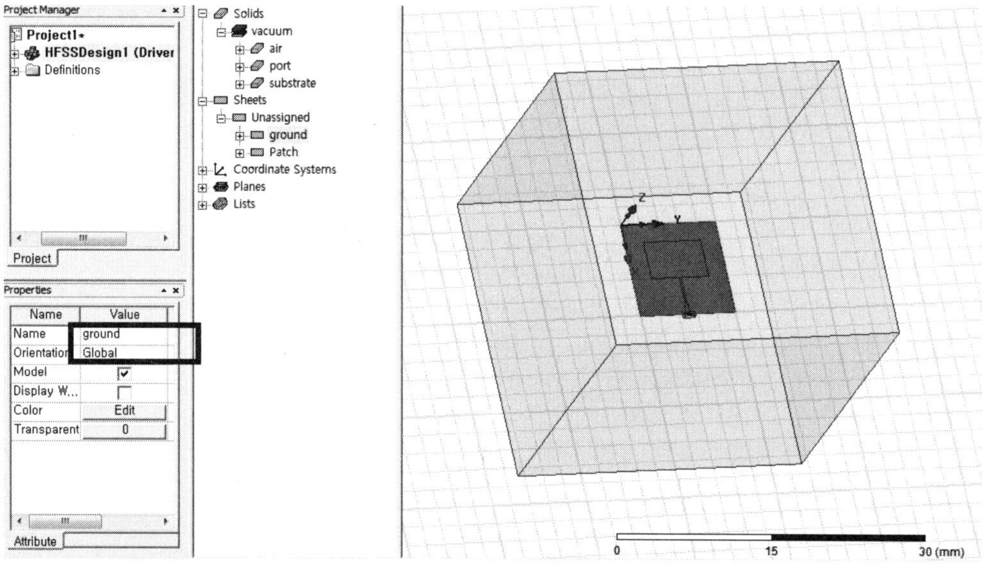

이로서 디자인에 부분은 다 끝났다고 볼 수 있다. 다음은 개체들의 Boundary와 Material의 설정에 대해 알아보자.

2) Boundary, Material 설정

일단 패치 안테나의 구성에 대한 매질과 Boundary에 대해 나열하면

	Material	Boundary
Air	Vacuum	Radiation
Patch		Perfect E
Substrate	Epoxy	
Ground		Perfect E
Port	Perfect conductor	Wave port

이것 조건들은 설정해주어 그와 같은 물체가 존재한다고 가정하여 시뮬레이션 하는 것이다.

이제 그 조건들을 설정하는 법에 대해 알아보면 다음과 같다.

(1) Material 설정

아래 그림과 같이 Air를 선택하고 오른쪽 키를 누르고 Assign Material을 누르면

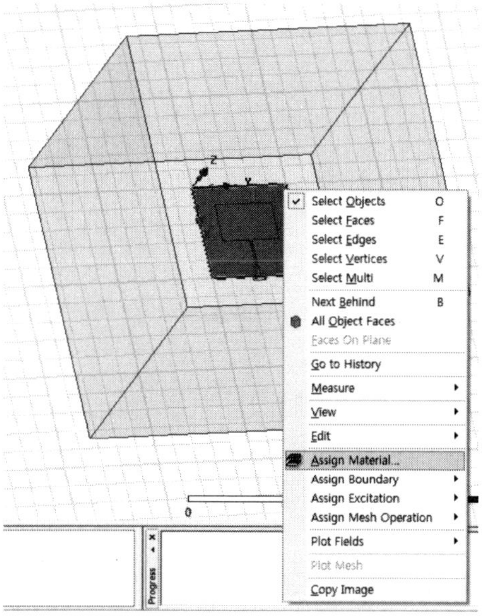

아래와 같은 매질 설정 팝업창이 뜬다.

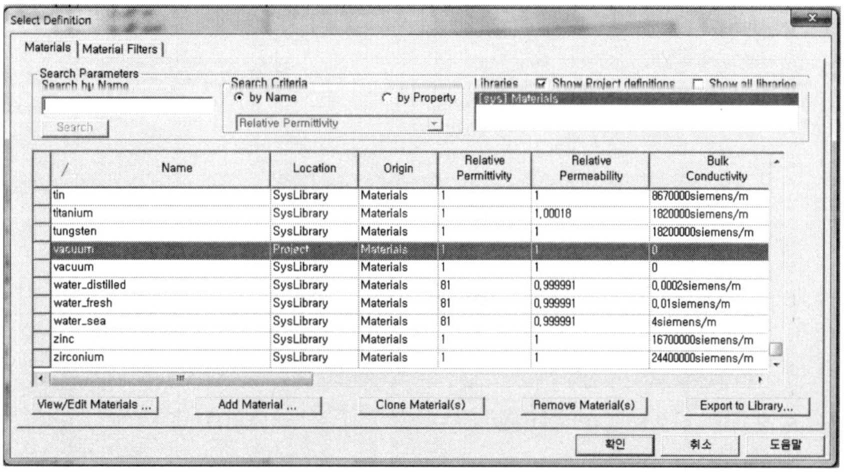

이때 epoxy 기판을 만들려면 아래쪽에 있는 Add Material을 클릭한다.

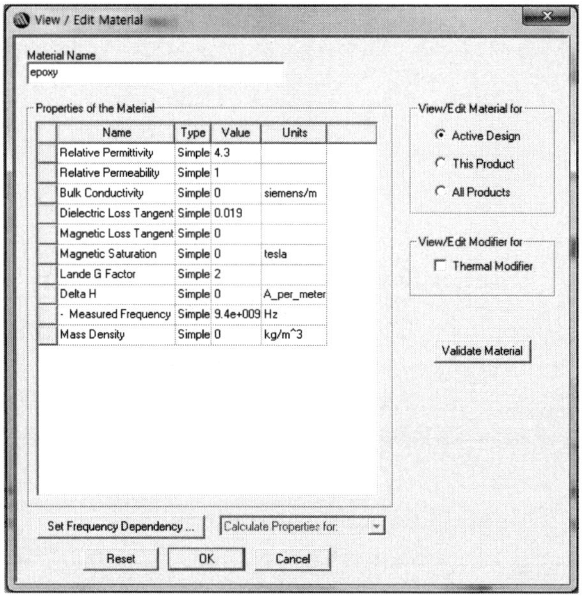

위와 같은 팝업창이 뜨면 Name과 유전율과 Loss 값을 입력한 후 OK를 누른다.

아래 그림과 같이 epoxy가 생성된 것을 확인할 수 있다. 이때 이 매질을 설정하려면 확인을 누른다.

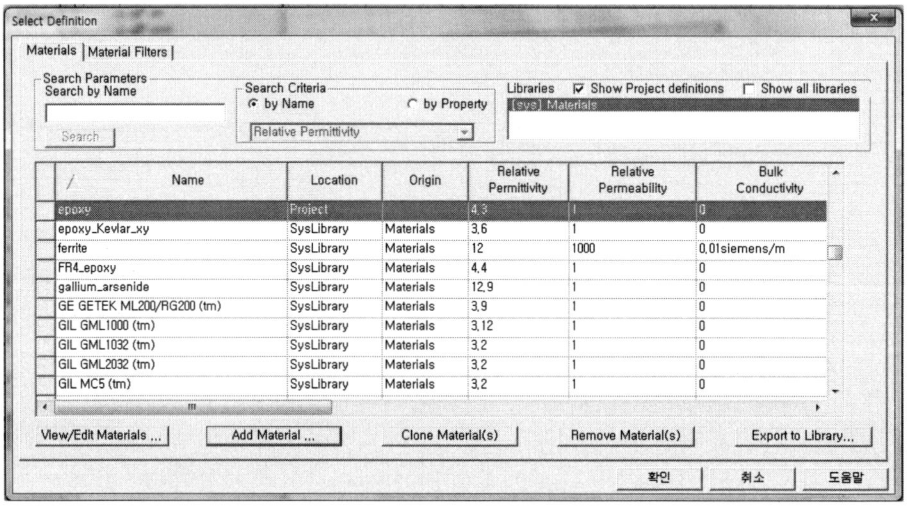

아래 그림과 같이 substrate가 epoxy로 설정된 것을 확인할 수 있다.

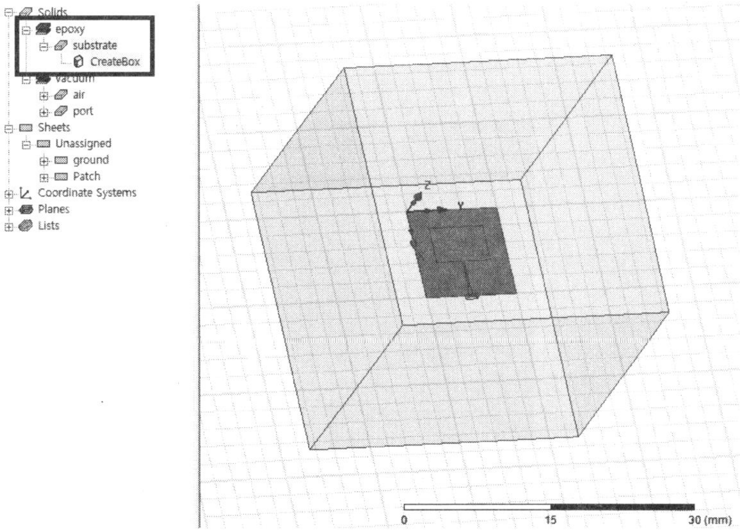

(2) Boundary 설정

• Air(Radiation) 설정

아래 그림과 같이 Assign Boundary에서 Radiation을 누른 후 확인을 누른다.

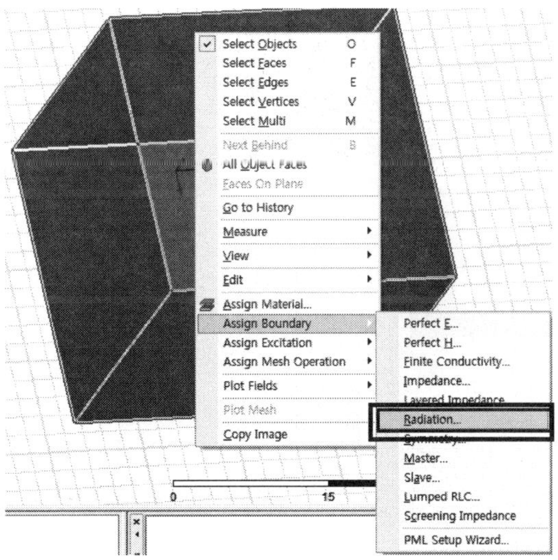

Patch, Ground도 선택을 한 후 Boundary에서 Perfect E를 선택한다.

(3) Port 설정

포트(Port)를 설정하기 위해서는 매질을 Perfect Conductor로 설정한 뒤 그림이 그려져 있지 않은 곳을 오른쪽 클릭한 후 Select Face로 바꾸어 준다.

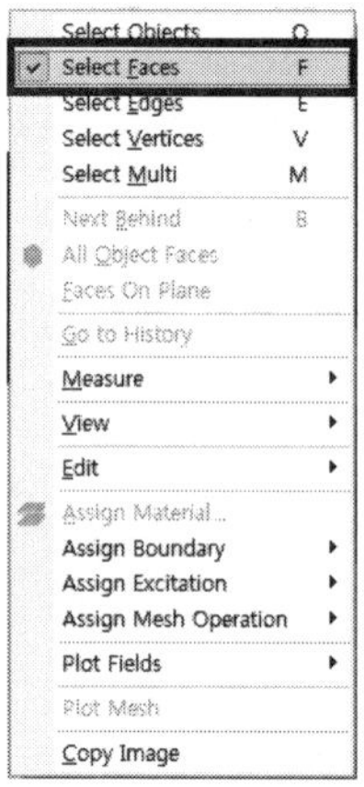

아래 그림과 같이 포트와 라인과 만나는 부분을 선택한 후 Assign Excitation에서 Wave Port를 선택한 후 계속 다음을 눌러주면 된다.

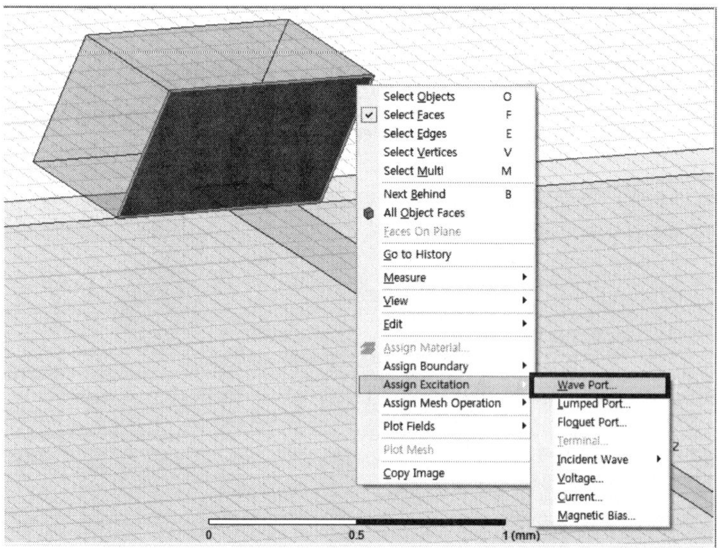

이제 디자인과 매질설정은 끝이 났다. 다음은 해석하는 차례이다.

5. Analyze

다음으로 모델을 해석하기 위해서는 몇 가지 해석조건들을 설정해 주어야 한다. 다른 여러 가지 복잡한 것들도 있겠지만 여기에서는 보편적인 방법들에 대해서만 설명하도록 한다.

디자인을 완료하면 아래와 같은 그림을 볼 수 있다. 여기서 Analysis를 오른쪽 클릭하고 Add Solution Setup을 누른다.

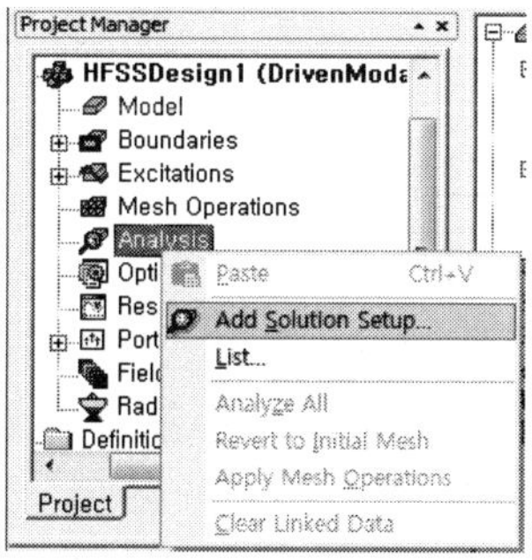

아래와 같은 팝업창이 뜨게 된다. 여기에 해석주파수, Pass, Delta S 등을 입력을 해준다. 해석주파수는 1.8GHz를 디자인하였으므로 1.8GHz를 넣고 Pass와 Delta S에 대한 자세한 설명은 www.rfdh.com에 Tool 게시판에 보면 자세히 나와 있다. 입력을 한 후 확인을 누른다.

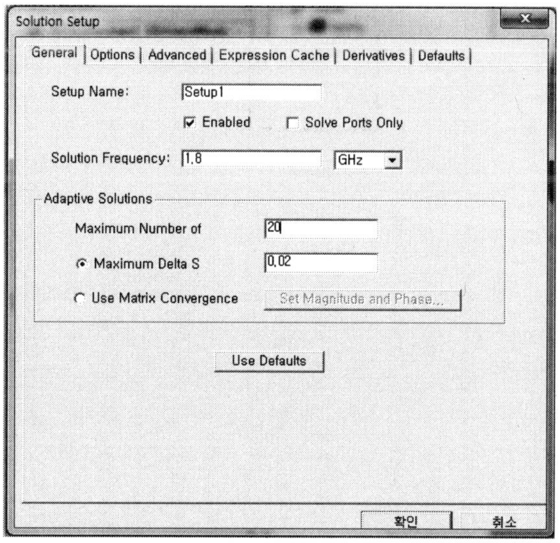

그리고 Analysis → Setup 1을 오른쪽을 클릭하면

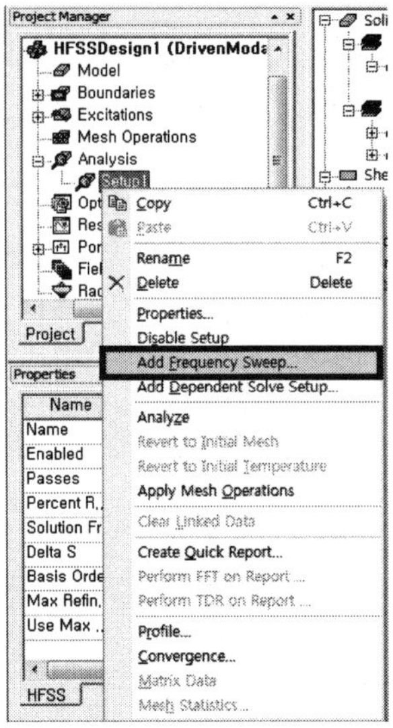

아래와 같은 팝업창이 뜨면 Fast를 선택하고, Frequency Setup에서 보고자 하는 시작주파수와 끝주파수와 그 사이를 몇 개로 나눌 것인지를 설정해 준다. 많이 나눌수록 오래 걸리지만 정확한 결과를 얻을 수 있다. 완료가 되면 OK를 누른다.

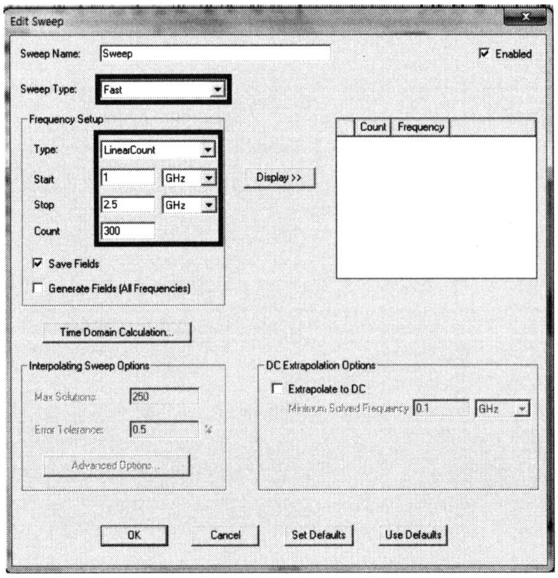

이로서 설정은 모두 완료되었다. 아이콘에서 아래 그림이 가리키는 체크 표시를 클릭하면 모델에 이상이 있는지를 검사해 준다. 이상이 없으면 다음과 같이 나타난다.

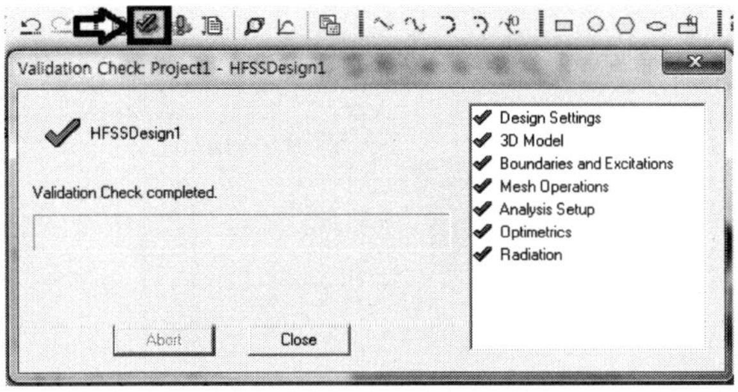

그리고 해석을 위해 옆에 있는 느낌표를 클릭해준다.

6. 결과보기

1) S11 결과

해석이 끝났다면 그 결과를 봐야 한다. 아래 그림과 같이 Results에 Create Modal Solution Data Report에 들어가서 Rectangular Plot을 클릭한다.

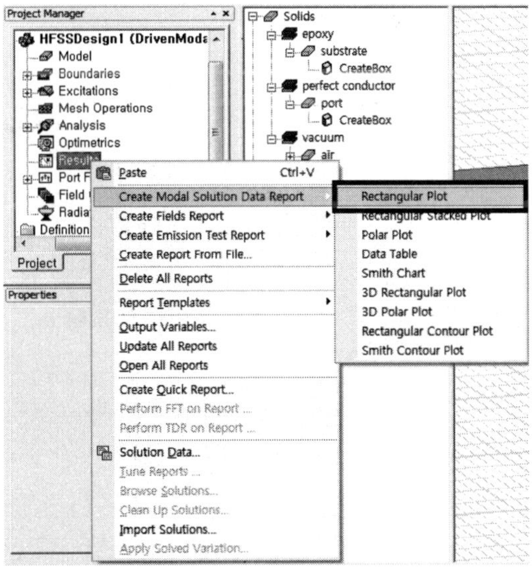

그러면 아래와 같은 창이 뜨게 된다.

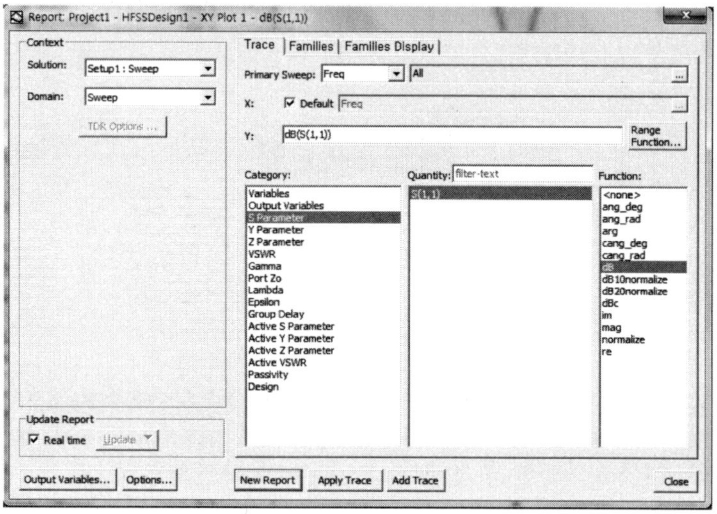

가장 중요한 것은 S11로서 이를 봐야 하므로 OK를 누른다.

Category에서 S Parameter이고 Quantity는 S(1,1)이고 Function은 dB이므로 선택하고 New Report를 누른다. 또 보아야 할 것은 Z-parameter의 Re와 Im값이다. 이는 각자가 보도록 한다.

결과적으로 S11은 아래 그림과 같은 결과가 나타난다. 1.8GHz로 설계하였지만 약 1.78GHz에서 공진이 됨을 알 수 있다. 그리고 오른쪽을 클릭하면 Zoom 기능, Marker 기능, 그래프 색깔바꾸기, 이름바꾸기 등을 할 수 있다.

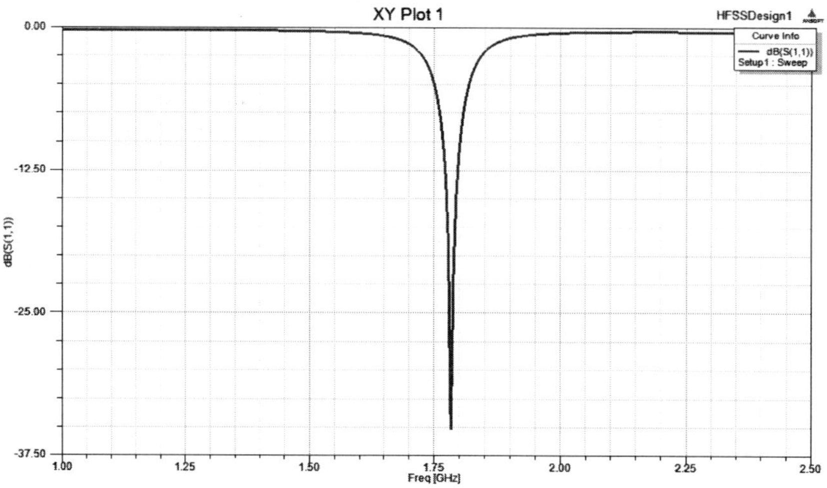

2) 전류밀도, 이득, 축비 결과

전류밀도, 이득 및 축비 등을 보는 법을 설명하도록 한다.

(1) 전류밀도

각 매체에 흐르는 전류의 세기와 방향을 볼 수 있다. 아래의 그림은 패치에 흐르는 전류의 세기를 보기 위해서 패치 안테나를 선택한 후 오른쪽을 클릭한 후에 Plot Fields → J → Vector_Jsurf를 선택한다.

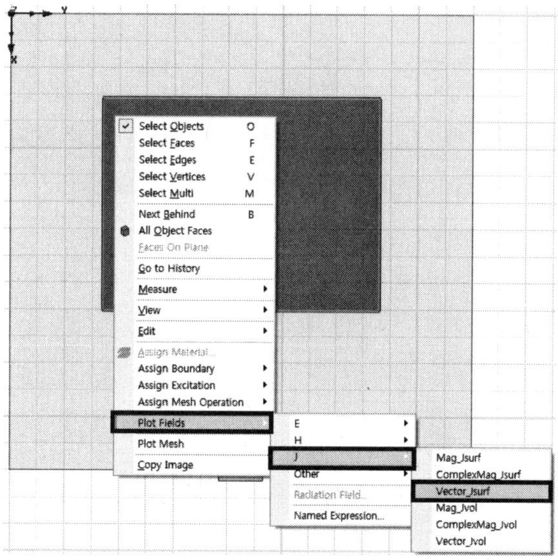

Vector_Jsurf를 클릭하면 다음과 같은 그림이 나타난다.

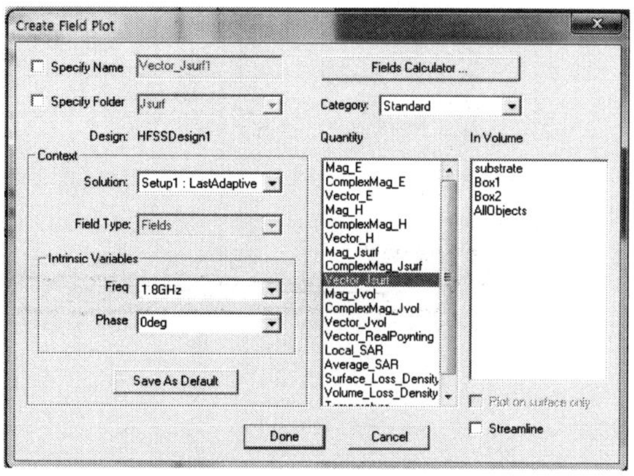

1.8GHz에서 보는 것이므로 Done을 누르면 아래와 같은 그림이 나타난다. Scale이 표시된 부분을 더블클릭하면 화살표의 크기와 색 등을 지정할 수 있다.

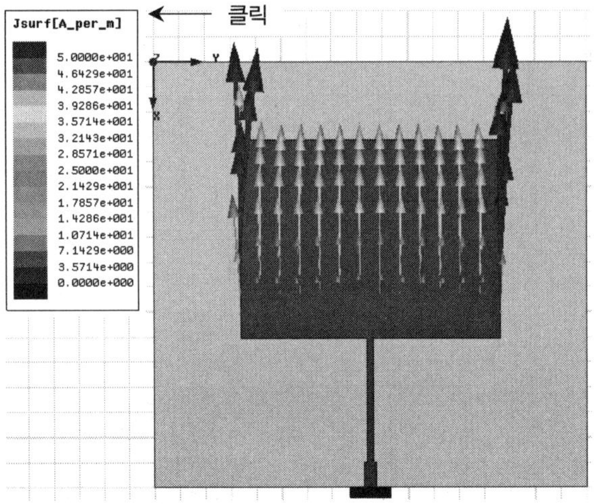

위와 같은 방법으로 Field에서 E, H, J로 각각의 세기를 볼 수 있다.

(2) 이득 및 축비

먼저 이득(Gain)과 축비(Axial Ratio)를 보기 위해서는 Radiation을 설정해 주어야 한다. 아래 그림과 같이 Radiation을 오른쪽 클릭 → Insert Far Field Setup → Infinite Sphere를 클릭한다.

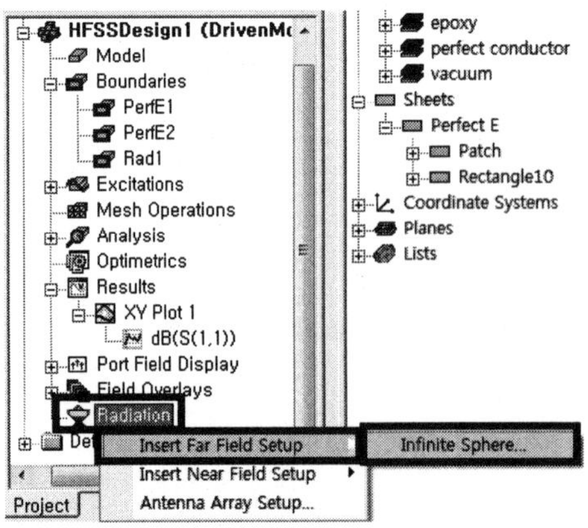

그러면 아래 그림과 같은 창이 뜬다. 이때 Theta-Stop을 360으로 해주는 것이 보기에 편하다. Step Size를 적당히 조절하도록 한다.

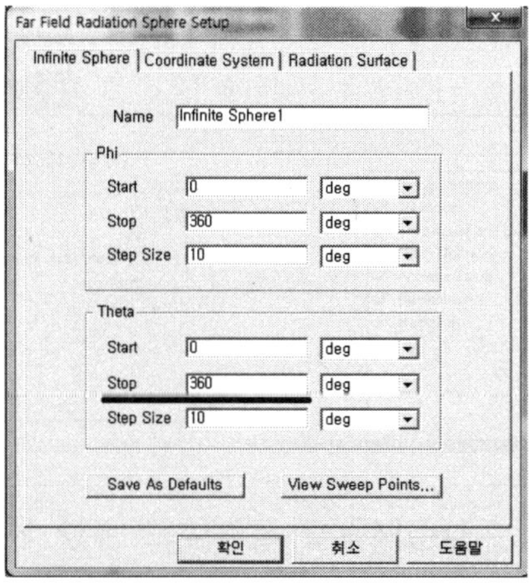

① 이득보기

이득은 E-plane과 H-plane으로 본다. 보는 방법은 그때그때 다르나, 방법은 한 가지 뿐이니 확실하게 알아둘 필요가 있다.

예 E-plane : 위의 Radiation Setup에서 Far Field를 설정해주게 되면 Results의 오른쪽을 클릭한 상태에 Create Far Fields Report가 생성된다. 생성된 Create Far Fields Report에 들어가서 Radiation Pattern을 클릭한다.

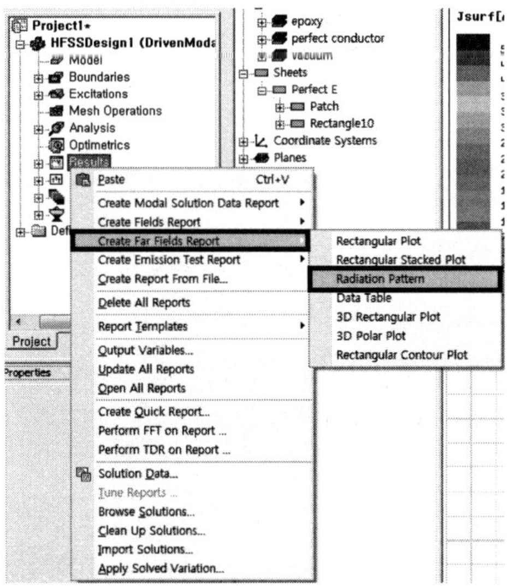

Radiation Pattern을 클릭하면 아래와 같은 창이 나온다.

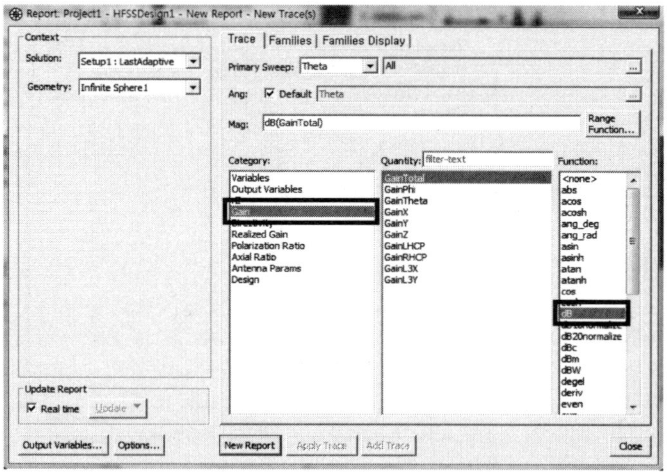

이득을 보기 위해서는 Category에서 Gain을 설정해주고, Quntity에서는 GainTotal, Function에서는 dB를 선택해준다.

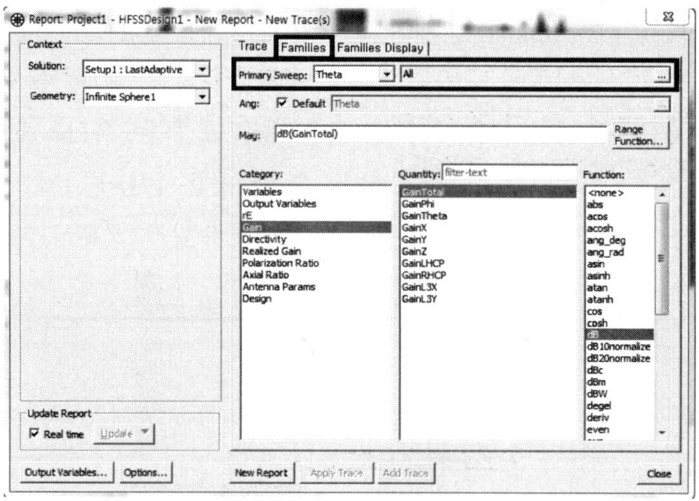

E-plane은 Phi가 0도이므로 위의 그림에 Primary Sweep를 Theta로 설정하고, 바로 위에 있는 Families로 들어간다.

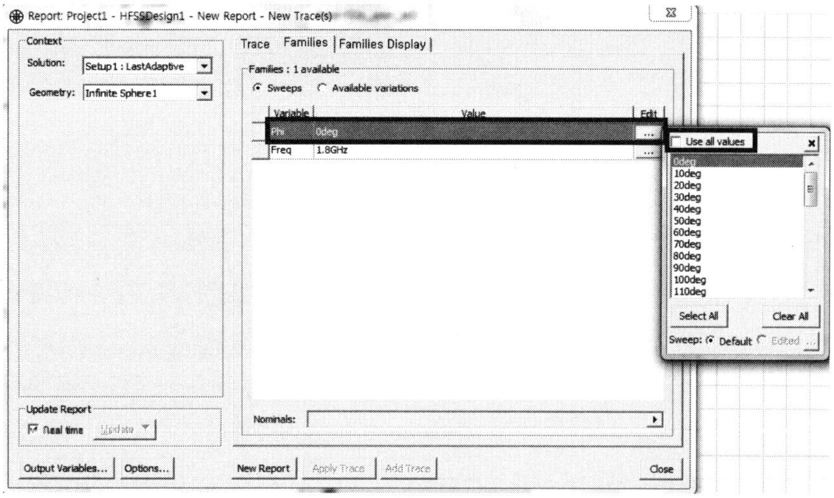

Primary Sweep에서 Theta로 설정했기 때문에 Families에서 Variable은 Phi로 되어 있고, Phi를 0도로 바꿔주려면 Edit 아래에 있는 ...을 클릭하여 Use all values에 선택되어 있는 v표시를 풀고 0deg를 선택한다.

New Report를 누르면 아래와 같은 창이 뜨고 패턴에 세로로 쓰여져 있는 숫자를 더블클릭하면 Scale 등을 조절할 수 있다.

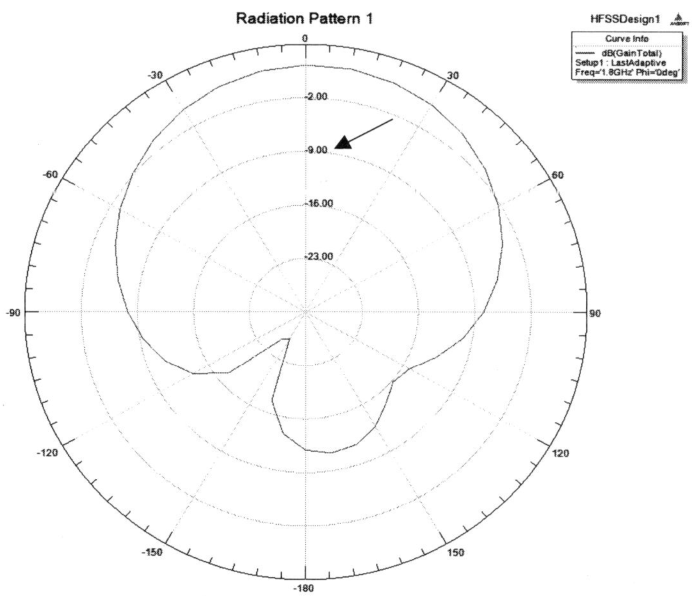

H-plane 역시 E-plane과 보는 각도만 다르게 해주면 된다.

② 축 비

축비 역시 Gain을 Axial Ratio로 설정하고 보게 되면 되니 각자 해보도록 한다.

다음은 몇 가지 예제를 통해 복습을 해보도록 한다.

기판은 $\varepsilon_r = 4.3$, loss tangent = 0.019인 Epoxy 기판이고 기판의 높이는 각자 임의대로 (0.8, 1.0, 1.2, 1.6[mm] 중 택일)하여 각각 비교해본다.

예제 1 Circular Patch, 1.8GHz Inset 급전

예제 2 Rectangular Patch 2.3GHz $\lambda/4$트랜스 마이크로스트립 급전

예제 3 Truncated Patch 1.575GHz Prove 급전(RHCP 및 LHCP)

1-2 Network Analyzer

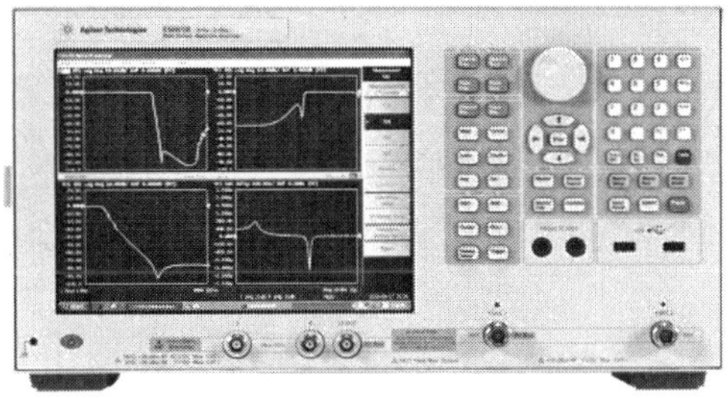

그림 1-2-1. Agilent사 Network Analyzer

1. Network Analyzer 개요

네트워크 분석기(Network Analyzer)란 마이크로파 소자의 각 포트에서의 S-parameter를 측정하는 장비이다. 일반적으로 2-port를 갖는 여파기, 증폭기와 1-port를 갖는 안테나의 측정을 위해 2개의 측정 포트를 가지고 있으며, 하이브리드나 커블러의 측정을 위해 4개의 포트를 장착한 제품도 있다.

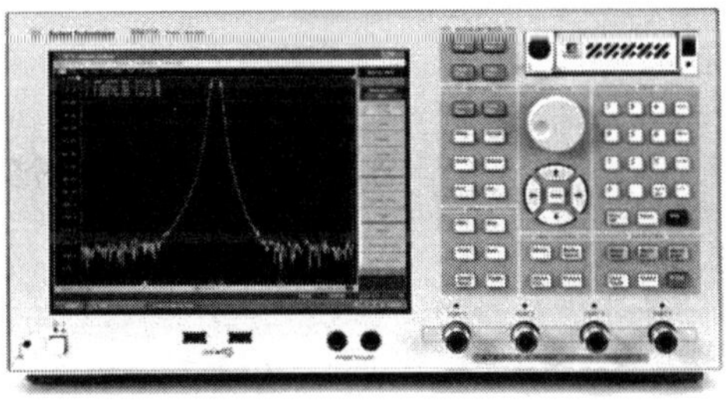

그림 1-2-2. 4-port Network Analyzer

2. 측정원리

Network Analyzer의 각 포트에서 일정한 크기의 사인파 전력을 설정 주파수 대역에 일정한 간격(측정분해능, resolution)으로 발생시키며, 모든 포트에서 수신된 사인파 전력의 상대적인 크기 및 위상을 측정하여 그래프, 스미스차트 또는 표로 S-parameter를 나타낸다. 본래 S-parameter는 상대적인 전압의 비율을 측정하는 것이나, 마이크로파 대역의 전압측정은 용이하지 않으므로 전력을 사용한 측정값을 장비 내에서 전압의 비율로 환산하여 표시한다. 일반적으로 모든 시스템 장비의 특성 임피던스가 50Ω으로 구현되어 있으므로, 아래와 같은 환산 전압을 적용할 수 있다.

$$V = \sqrt{P \times 50}$$

Network Analyzer에 의해 측정되는 값은 기본적으로 S-parameter의 크기와 위상이며, 최근에 공급되는 장비는 이에 기초하여 얻을 수 있는 Impedance, Z-parameter 등도 얻을 수 있다. 크기는 설정에 따라 일반 십진법과 dB 스케일을 모두 얻을 수 있는데, 일반적으로 dB 값으로 출력되며 다음과 같은 수식으로 얻어진 것이다.

$$dB = 20\log(\text{S-parameter})$$

3. Calibration 수행

측정하고자 하는 피측정 소자(DUT : Device Under Test)만의 특성을 정확하게 측정하기 위해 측정 전 Calibration을 수행한다. Calibration이란 Network Analyzer 내외부의 환경 및 DUT까지 연결된 케이블에 의한 전력감쇠와 위상 오차를 제거하는 과정으로 DUT 입력단과 접하는 면(Calibration Surface)까지를 측정의 기준점으로 설정하게 된다. 이를 위해 별도의 Calibration Kit가 제공되며, 수행방법은 OPEN, SHORT, LOAD로 구성된 Cal. Kit를 연결하여 측정하는 Mechanical Calibration 방법과 이 과정들을 한 번의 연결로 전자적으로 수행하는 Electrical Calibration(E-Cal) 방법이 있다. Calibration의 수행 이후 DUT를 연결하면 DUT만의 S-parameter를 측정하게 된다. 여기서 Calibration 수행 이전에 측정할 주파수 대역과 소자의 입력전력, 채널 등을 정확이 설정해야 하며, Calibration은 Cal 수행 이전에 설정된 값에 대해서만 유효하며, 만일 주파수나 전력 등을 변화하면 다시 Calibration해야 한다. 구체적인 Calibration 방법은 기종에 따라 상이하므로 매뉴얼에 지시된 순서에 의한다.

4. 측정순서

① Network Analyzer의 전원을 켜고, 측정주파수 대역, 사용 채널, 입력전력, 측정주파수 간격(resolution) 등을 설정한다.
② 장비의 Calibration 메뉴에 인스톨되어 있는 Cal. Kit를 이용하여 Calibration을 수행한다.
③ Cal. Kit를 제거하고 DUT를 연결하여 측정을 수행한다.

5. 측정 시 유의사항

Network Analyzer를 매우 정교한 장비로 주의깊게 사용하지 않을 경우 고장 및 오측정의 원인이 되므로 다음과 같은 사항을 숙지하여야 한다.

① 여러 개의 box로 구성된 장비의 경우 전원을 켤 때는 전체 전원을 먼저 켜고, 각 box 장비의 전원을 켠다. 사용 후 전원을 끌 때는 반대로 각 box 장비의 전원을 끄고 전체 전원을 꺼야 한다.
② DUT에 전원을 사용하는 증폭기나 발진기 또는 시스템 등을 측정할 경우 장비 내부로 DC 전원이 흘러가지 않도록 주의하여야 한다. Calibration 수행 전에 포트 양단에 'DC blocker'를 연결하고 이를 포함한 Calibration을 수행한다.
③ 동축 타입의 케이블이나 커넥터를 연결할 때는 일정한 조임강도를 유지하는 랜치를 사용하고, 커넥터의 센터 핀이 바르게 연결되었는지 확인한 후에 조이기 시작한다. 커넥터가 잘 연결되지 않을 때는 무리하게 돌리지 않고, 연결을 해제한 후 다시 연결해야 한다. 또한 커넥터는 항상 male-type쪽을 돌려 주어야 커넥터가 손상되지 않는다.
④ DUT가 bulk type의 트랜지스터나 chip die 상태로 측정할 경우 정전기에 의해 회로가 손상될 수 있으므로 손목에 정전기 제거 밴드를 묶고 측정한다.

아래 그림은 Return Loss(S_{11} & S_{22})와 Insertion Loss(S_{21}) 측정을 나타낸다.

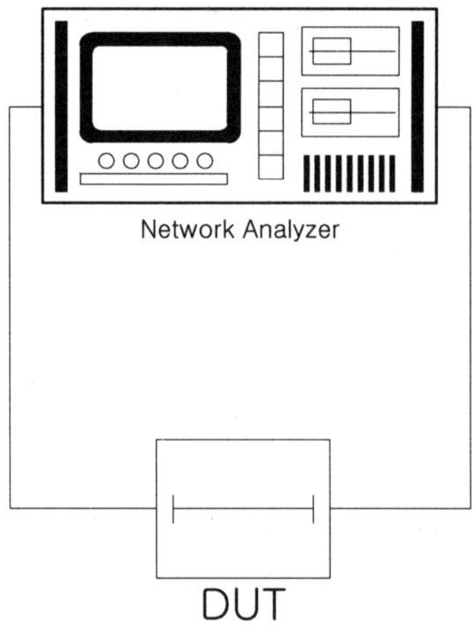

1-3 무반사실 방사 챔버 장비

1. Anechoic Chamber 개요

무반사실 방사 챔버(Anechoic Chamber)란 반사가 없는 무반사(An-echo)실에서 안테나의 방사특성(방사패턴, 안테나 이득, 안테나 방사효율 등)을 측정하는 장비이다. 반사가 발생할 경우 각도에 따른 안테나 수신특성이 달라지기 때문에 안테나의 방사특성은 반사가 없는 환경에서 측정하여야 한다. 이러한 무반사 환경은 피라미드 모양의 전자파 흡수체(Absorber)를 장착한 실내로 아래 그림과 같다. 무반사실의 외벽은 도체로 쌓여져 전자파가 내외부로 빠져나가거나 들어오지 못하도록 한다. 이러한 상태에서 내부에 흡수체를 부착하여 실내는 반사가 발생하지 못하도록 설계한다. 이를 무반사 챔버라 한다.

(a) 외부 모습 (b) 내부 모습

그림 1-3-1. MTG사 무반사실 방사 챔버

무반사 조건이 성립되면 챔버 내에는 송신 안테나(보통 광대역 다이폴 혹은 광대역 혼 안테나 사용)와 360도 회전하는 Rotator위에 측정하고자 하는 안테나를 놓고, 챔버 외부에 있는 여러 측정장비와 연결하여 방사특성을 측정하게 된다.

2. 전자파 흡수체

무반사실은 반사가 없어야 하므로 송-수신 안테나 간 직선(LOS : Line Of Sight)으로 향하는 전자파 외에는 모두 흡수하여야 한다. 따라서 피라미드 형태의 전자파 흡수체를 이용하여 흡수한다. 흡수체의 재질은 폴리머(스폰지 형태)에 미량의 고무(Rubber)와 탄소 등을 혼합하여 만든다.

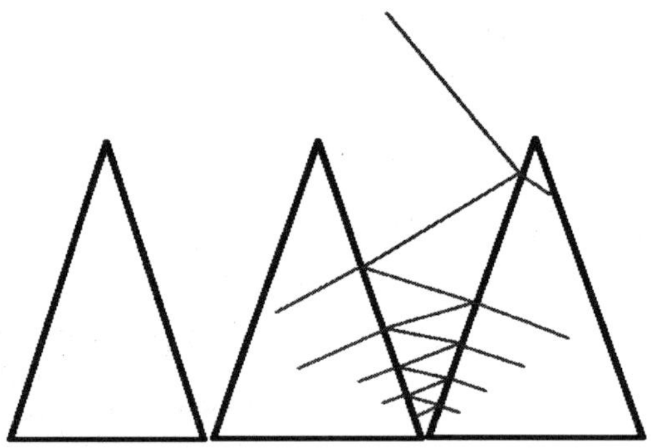

그림 1-3-2. 전자파 흡수원리 그림

피라미드 모양의 흡수체에 임의 각도로 입사하는 전자파는 일부 흡수체에 입사하고 일부는 반사하게 된다. 흡수된 전자파는 흡수체에 의해 흡수된다. 흡수체에 반사된 전자파는 다른 흡수체에 흡수와 반사를 일으킨다. 결국 이러한 흡수와 반사가 되풀이 되면서 입사한 전자파는 흡수체에 모두 흡수되고 반사는 없게 된다.

무반사실의 성능은 반사율이 얼마인가에 의한 것으로 이론적으로는 -무한대[dB]가 가장 좋다. 반사가 작을수록 좋은 것이므로 흡수체의 성능이 좋아야 한다. 보통 휴대단말기나 휴대통신기 같은 기계는 -110～－120[dBm]의 상당히 작은 전력의 수신감도 성능이 측정되어야 하므로 측정을 위한 무반사실의 설계가 매우 중요하다.

그림 1-3-3. Absorber

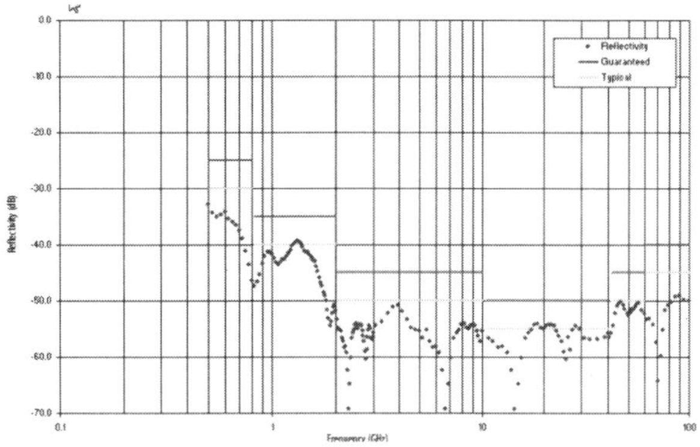

그림 1-3-4. Reflectivity 특성치

3. 여타 무반사 챔버

그림 1-3-5. 산업용 안테나 무반사 챔버

그림 1-3-6. 자동차용 무반사 챔버

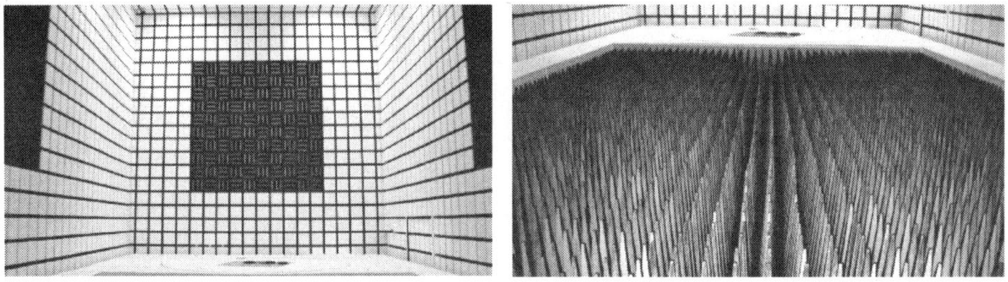

그림 1-3-7. 위성측정용 챔버 및 바닥 내부

4. 안테나 Far-Field 측정 시스템의 개요

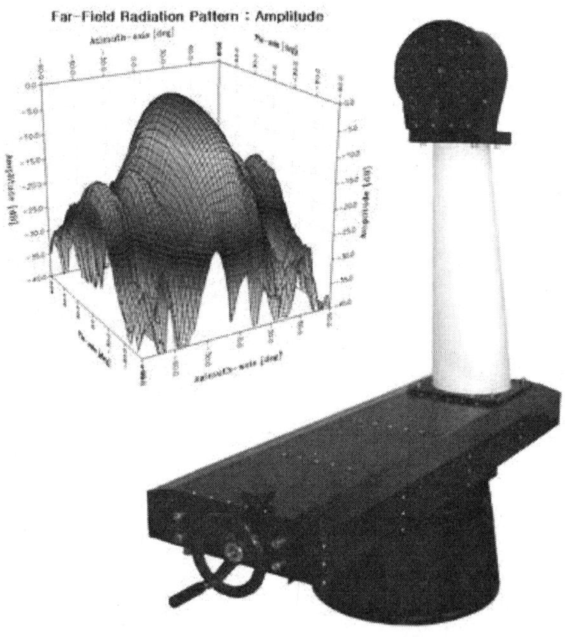

그림 1-3-8. MTG VisualWave-FF Ver. 2.0

1) 안테나 이격거리

안테나의 복사특성을 측정하기 위한 Far-Field 측정 시스템은 그림 1-3-9에서와 같이 송신 안테나로부터 복사되는 구면파가 자유공간으로 전파되어 송신 안테나로부터 충분히 먼 거리에서 구면파가 국부적으로 평면파가 되는 영역에서 측정대상 안테나(AUT : Antenna Unit Test)를 시험하는 장비이다. 평면파가 되기 위한 송-수신 안테나 간의 이격거리 R은 안테나의 크기 및 파장에 따라 표 1-1의 조건을 만족해야 한다.

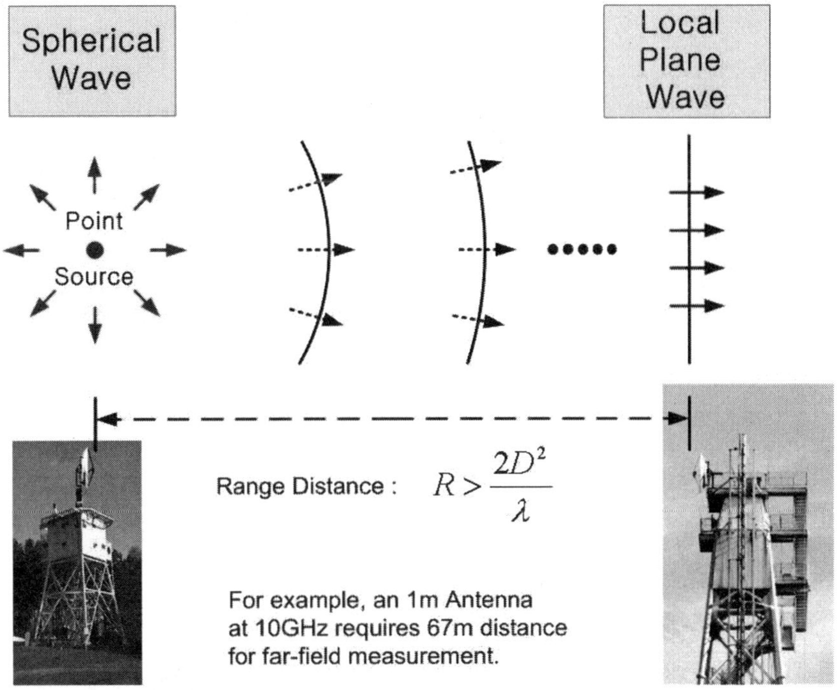

그림 1-3-9. 안테나 Far-Field 측정장치 이격거리

표 1-1. 안테나 측정을 위한 최소 이격거리

조 건	이격거리(R)	비 고
$D \geq 2.5\lambda$	$R > 2D^2 / \lambda$	D : AUT Aperture Size λ : Wavelength
$1.3\lambda < D < 2.5\lambda$	$R > 5D$	
$D \leq 1.3\lambda$	$R > 1.6\lambda$	

표 1-1 의 안테나 측정을 위한 최소 이격거리 조건이다. 외부로부터 전파잡음이 유입되지 않는 전자파 환경이 잘 갖추어진 공간에서 실제로 송신 안테나로부터 $2D^2/\lambda$ 떨어진 영역에 수신 안테나를 놓고 시험을 할 경우 수신 안테나가 놓여지는 Quiet

Zone은 완벽한 평면파를 이루지는 못하며, 수신 안테나의 개구면 끝 부분으로 갈수록 구면파의 형태가 남아 있게 되어 수신 안테나는 완전한 평면파를 수신하지 못하게 된다. 이러한 경우는 수신 안테나의 복사 패턴 측정에 영향을 주게 된다.

그림 1-3-9에서와 같이 $2D^2/\lambda$ 떨어진 거리에서 위상(Phase) 오차는 수신 안테나 개구면 끝에서 $\lambda/8(=22.5°)$가 되며 이 오차로 인한 수신 안테나의 복사 패턴은 그림 1-3-10에서와 주 빔(Main Lobe)과 첫 번째 부엽(Sidelobe) 사이의 복사 패턴 Null Point가 두 빔에 묻히는 현상이 생기게 된다.

반면에 이격거리가 멀어질수록 패턴의 Null Point가 명확하게 보이게 된다. 한편 두 안테나 사이의 이격거리가 부족하므로 생기는 전파세기(Amplitude)의 오차는 각 부엽의 레벨을 변하게 한다. 이처럼 충분하지 못한 안테나 간의 이격거리는 복사 패턴 측정에 있어서 오차를 만들게 되며 이러한 오차는 충분한 이격거리를 만들어서 감소시킬 수가 있다.

따라서 통상적으로 안테나 Far-Field 측정을 수행하기 위한 이격거리는 표 1-1에서 요구하는 조건의 2~4배 또는 그 이상의 이격거리로 구성하는 것이 관례이다.

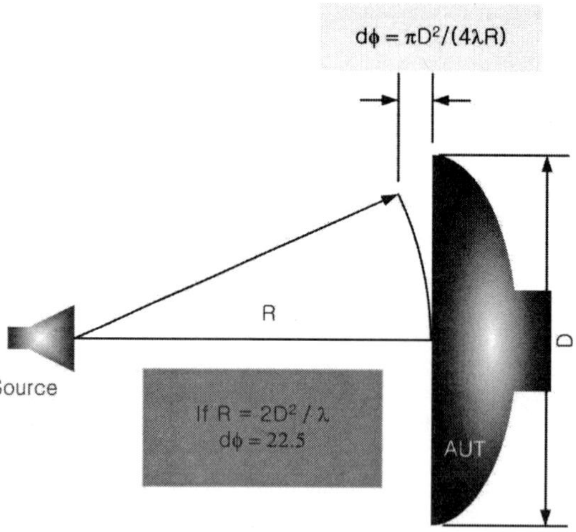

그림 1-3-10. 이격거리에 따른 안테나 복사패턴 측정의 오차

2) Far-Field Range

Far-Field Range는 안테나 측정시설 중에서 가장 일반적인 시설로서, 주위의 전자파 잡음의 유입이 적은 야외측정시설(Outdoor Range)이나 실내의 전자파 무반사실(Anechoic Chamber)에 설치된다. 야외측정시설은 형태에 따라 Elevated Range, Slant Range, Ground Reflect Range가 있으며 전자파 무반사실은 Rectangular Chamber, Tapered Chamber 등이 있다.

일반적으로 Far-Field Range는 시험대상 안테나를 수신으로 하여 안테나 특성을 시험하게 되는데, 이것은 Far-Field Range를 건설할 때 수신 안테나가 놓여지는 공간에 평면파가 입사되는 Quiet Zone이 형성되도록 하기 때문이다.

3) 안테나 좌표계

안테나 좌표계는 3차원 공간에서 벡터량인 전기장(E-Field)을 정확하고 간편하게 표현하기 위하여 사용된다. 일반적으로 좌표계는 좌표계를 이루는 각각의 성분들이 서로 독립적(Independent)이며 직교성(Orthogonality)을 갖는다. 이러한 안테나 좌표계는 안테나 측정 시에 사용되는 포지셔너(Positioner)의 형태와 밀접한 관계가 있다.

일반적으로 안테나의 측정에서 좌표계는 언급이 되지 않는다. 하지만 실제로 안테나의 복사 패턴(Radiation Pattern), 주편파(Co-polarization), 교차편파(Cross-polarization), 주빔 방향(Beam pointing), 최대 이득(Peak Gain), 빔폭(Beam Width) 등 안테나 측정으로부터 얻어지는 물리량들은 모두 좌표계의 함수이며 좌표계가 달라지면 그 결과들도 다르게 표현된다.

안테나의 Far-Field 특성을 표현하는 좌표계는 직각좌표계(Cartesian Coordinate), θ-ϕ(Theta-Phi) 좌표계, 방위각/고각(Azimuth over Elevation) 좌표계, 고각/방위각(Elevation over Azimuth) 좌표계, 수평-수직(Horizontal-Vertical) 좌표계 등이 있다.

직각좌표계를 제외한 나머지 좌표계는 모두 구좌표계(Spherical Coordinate)로서 구좌표의 기준이 되는 극(Pole)의 위치가 다른 차이가 있다. 각각의 좌표계에서 선형편파(Linear Polarization) 성분은 좌표계의 단위벡터 성분으로 표현된다.

각각의 좌표계에서 전기장은 다음과 같이 좌표계의 성분으로 표현된다.

$$
\begin{aligned}
\vec{E}\,(\vec{r}) &= E_X\,\hat{x} + E_y\,\hat{y} + E_z\,\hat{z} && \leftarrow \text{Cartesian Coordinate} \\
&= E_\theta\,\hat{\theta} + E_\phi\,\hat{\phi} && \leftarrow \theta-\phi \text{ Coordinate} \\
&= E_A\,\hat{A} + E_E\,\hat{E} && \leftarrow \text{Azimuth/Elevation Corrdinate} \\
&= E_a\,\hat{a} + E_\varepsilon\,\hat{\varepsilon} && \leftarrow \text{Elveation / Azimuth Coordinate} \\
&= E_h\,\hat{h} + E_v\,\hat{v} && \leftarrow \text{Horizontal}-\text{Vertical Coordinate}
\end{aligned}
$$

여기서 $\vec{r}=r_x\underline{\widehat{X}}+r_y\underline{\widehat{Y}}+r_z\underline{\widehat{Z}}$ 이다.

(1) 직각좌표계

− E-Field는 다음과 같이 표현된다.

$$\vec{E}\,(\vec{r}) = E_X\,\hat{x} + E_y\,\hat{y} + E_z\,\hat{z}$$

이 좌표계는 Plane Wave Spectrum을 표현하기 적합하여 k-space 또는 파수영역(Wavenumber Domain)이라고 불리기도 한다. 이 좌표계는 Far-Field 측정을 위한 포지셔너 시스템으로로는 구현되기 불가능하지만 안테나 근접전계(Near-Field) 측정을 이용하면 이 좌표계에서 안테나의 Far-Field 특성을 알 수가 있다.

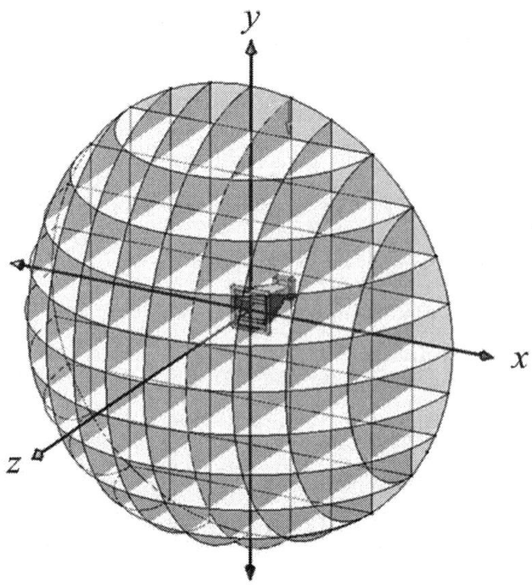

그림 1-3-11. Cartesian 좌표계

(2) $\theta - \phi$(Theta-Phi) 좌표계

– E-Field는 다음과 같이 표현된다.

$$\vec{E}\,(\vec{r}) = E_\theta\,\hat{\theta} + E_\phi\,\hat{\phi}$$

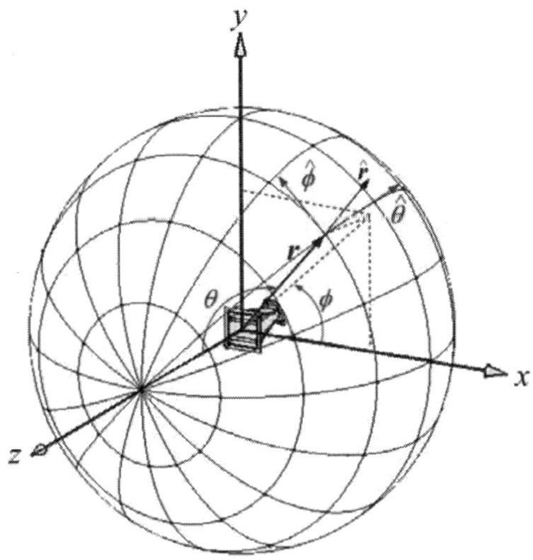

그림 1-3-12. $\theta - \phi$ 좌표계

이 $\theta - \phi$ 좌표계는 그림 1-3-13과 같은 수평면에서 회전하는 방위각(Azimuth Angle) 회전 테이블 위에 z축을 중심으로 회전하는 파이각(Phi Angle) 회전 테이블을 올려놓음으로써 구현될 수 있다. 방위각 및 파이각은 각각 θ축 및 ϕ축에 해당된다. 전기장의 성분 E_θ, E_ϕ는 송신 안테나의 편파방향이 각각 수평 및 수직인 경우에 해당된다.

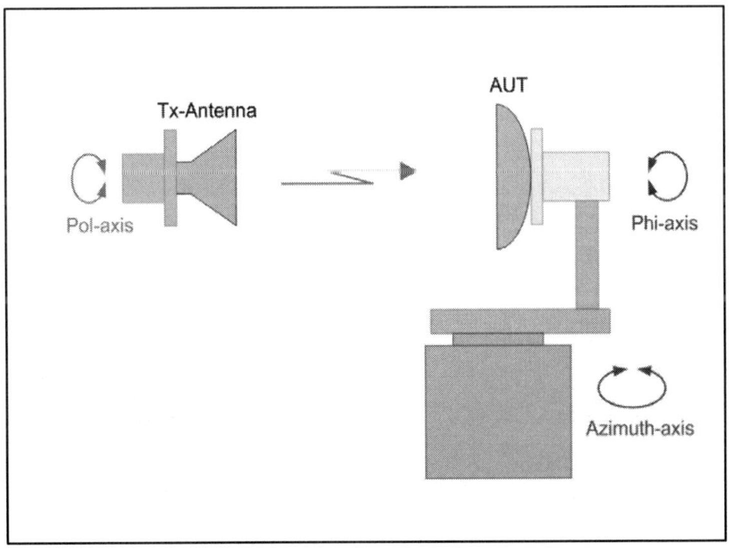

그림 1-3-13. $\theta - \phi$ 포지셔너 시스템

(3) 방위각/고각(Azimuth over Elevation) 좌표계

– E-Field는 다음과 같이 표현된다.

$$\vec{E}\,(\vec{r}) = E_A\,\hat{A} + E_E\,\hat{E}$$

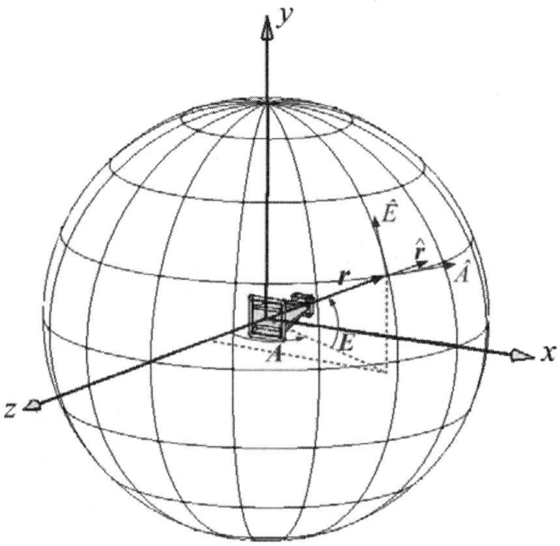

그림 1-3-14. Azimuth/Elevation 좌표계

이 Az/El 좌표계는 그림 1-3-15와 같은 상하로 회전하는 고각(Elevation Angle) 회전축 위에 y축을 중심으로 회전하는 방위각(Azimuth Angle) 회전 테이블을 올려놓음으로써 구현될 수 있다. 방위각 및 고각은 각각 A축 및 E축에 해당된다. 전기장의 성분 E_A, E_E는 송신 안테나의 편파방향이 각각 수평 및 수직인 경우에 해당된다.

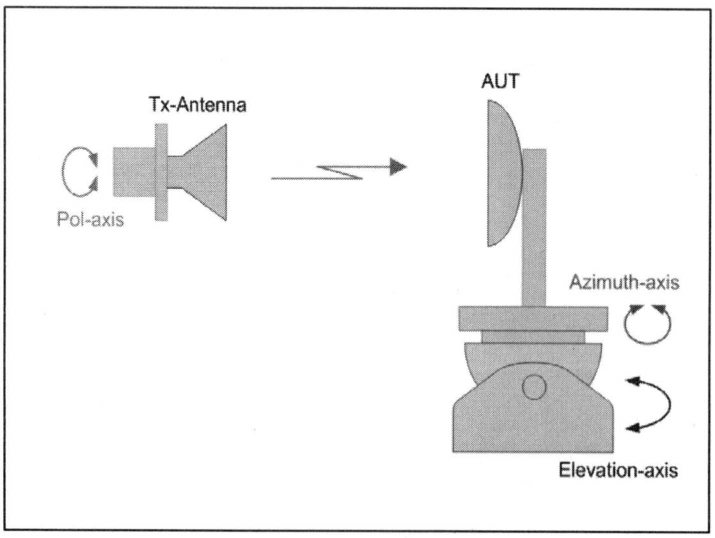

그림 1-3-15. Azimuth/Elevation 포지셔너 시스템

(4) 고각/방위각(Elevation over Azimuth) 좌표계

– E-Field는 다음과 같이 표현된다.

$$\vec{E}\,(\vec{r}) \;=\; E_a\,\hat{a} + E_\varepsilon\,\hat{\varepsilon}$$

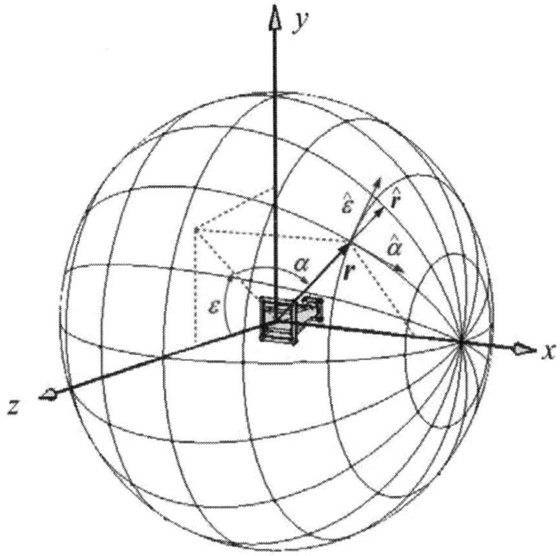

그림 1-3-16. Elevation/Azimuth 좌표계

이 El/Az 좌표계는 그림 1-3-17과 같은 수평면에서 회전하는 방위각(Azimuth Angle) 회전축 위에 x축을 중심으로 회전하는 고각(Elevation Angle) 회전 테이블을 올려놓음으로써 구현될 수 있다. 방위각 및 고각은 각각 a축 및 ε축에 해당된다. 전기장의 성분 E_a, E_ε는 송신 안테나의 편파방향이 각각 수평 및 수직인 경우에 해당된다.

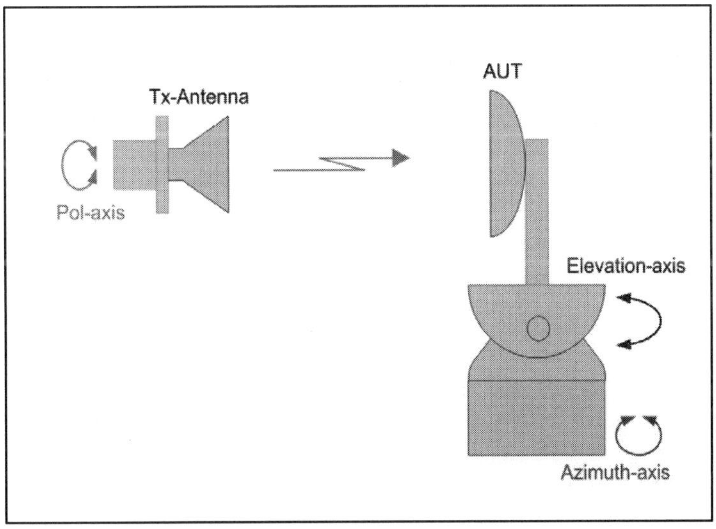

그림 1-3-17. Elevation/Azimuth 포지셔너 시스템

(5) 수평-수직(Horizontal-Vertical) 좌표계

– E-Field는 다음과 같이 표현된다.

$$\vec{E}\ (\vec{r})\ =\ E_h\,\hat{h} + E_v\,\hat{v}$$

이 H-V 좌표계는 $\theta-\phi$ 좌표계와 동일하나 전기장의 성분이 구면에 접하는 접선 성분이 아니며 항상 수평-수직 방향을 향하는 것이 다른 점이다. 이 좌표계는 $\theta-\phi$ 포지셔너 시스템에서 ϕ축과 동일하게 송신 안테나가 부착되어 있는 Pol축을 회전시킴으로써 구현될 수 있다.

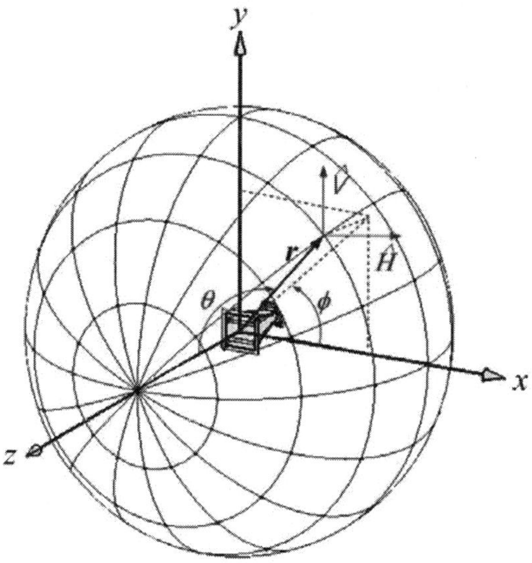

그림 1-3-18. 수평-수직 좌표계

1-4 납땜 방법

1. 실험개요

이 장에서는 전자, 전기 및 정보통신 회로의 기본이 되는 납땜에 대한 이론과 실습을 병행한다. 양호한 납땜은 회로동작을 원만하게 수행하며, 불량의 근원을 없애는 중요한 작업이다. 납땜을 잘하기 위해서는 우선 인두의 관리요령을 알아야 한다. 새 인두와 사용 중인 인두의 관리요령, 저항 커패시터, IC 등 각종 부품의 납땜 방법과 배선에 대한 납땜방법을 소개하고 실습하여 이를 익히도록 한다.

2. 납땜원리 학습

1) 인두관리 요령

(1) 새 인두의 처음 관리방법

① 인두를 달구어 먼저 납을 골고루 도포하여 팁의 산화를 막는다.
② 가끔 인두 팁을 Soldering Paste에 순간적으로 담궈 팁의 표면을 세척한다.
③ Soldering Paste 후 필히 납을 골고루 도포한다.
④ 인두 팁에 묻은 이 물질은 철 스폰지 혹은 물 묻은 가재에 닦는다.

(2) 납땜할 때

① 인두를 달구어 납땜을 시작한다.
② 가끔 인두 팁을 Soldering Paste에 순간적으로 담궈 팁의 표면을 세척한다.
③ Soldering Paste 후 필히 납을 골고루 도포한다.
④ 인두 팁에 묻은 이 물질은 철 스폰지 혹은 물 묻은 가재에 닦는다.

(3) 납땜 종료 시 인두 처리방법

① 인두의 전원을 제거한다.
② 인두 팁을 가재에 잘 닦은 뒤 Soldering Paste에 세척한다.
③ 세척과 동시에 납을 고루 도포하고 가재로 닦아 윤기가 나도록 한다.

(4) 인두 팁의 유지 관리방법

① 5분 이상 납땜하지 않을 경우 인두의 전원을 뺀다(열에 의한 팁의 산화방지).
② 인두 팁이 검게 산화되어 가재 및 Paste로도 제거되지 않을 경우는 칼이나 금속으로 가볍게 긁어낸 뒤 다시 Paste 세척 후 납을 도포한다.

2) 납땜 방법

(1) 인두에 납을 묻혀서 납땜하지 말 것

① 먼저 납땜할 곳에 인두 팁을 댄 뒤 2~3초 정도 가열한다.
② 인두의 반대편에 납을 살짝 대어 녹인다.

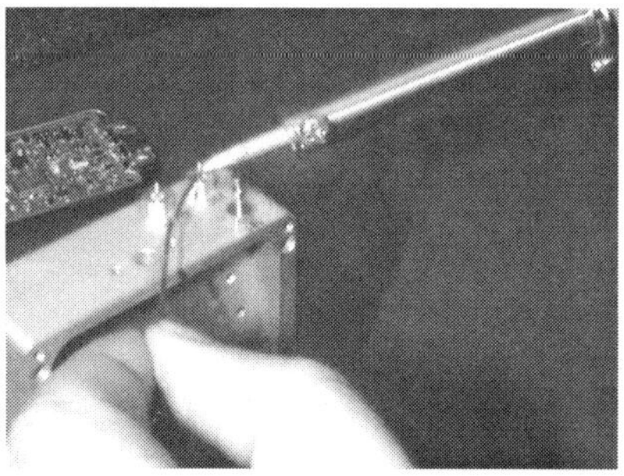

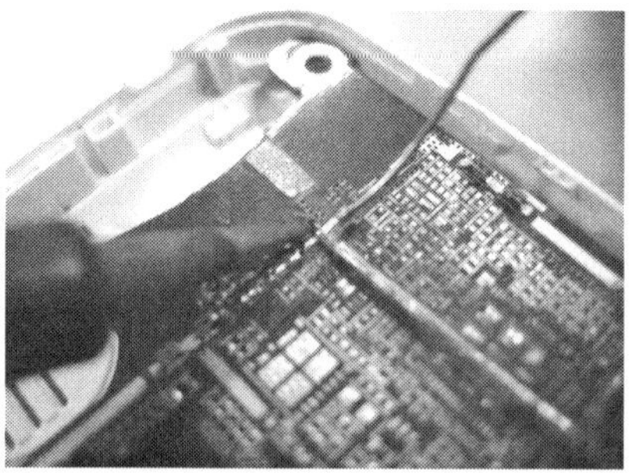

그림 1-4-1. 납땜부위 인두가열 방법

③ 인두를 떼고 납땜 상태를 확인한다.
- 납에 윤기가 나면 양호하다.
- 2번 이상 가열하거나 납땜하면 윤기가 죽고 납땜 불량의 원인이 된다.

(2) 납땜 시 수시로 인두 팁을 철 스폰지 혹은 가재 등으로 깨끗하게 할 것

더러울 경우 납이 녹지 않으며, 인두 팁이 망가진다.

(3) 납땜양의 정도

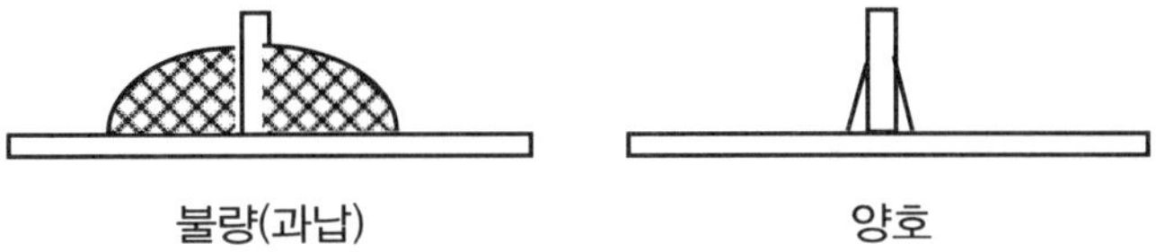

(4) 기판 조립을 위한 납땜

기판 조립을 위한 납땜 시 부품을 기판에 많이 조립된 상태에서 가급적 한꺼번에 납땜한다.

(5) 저항, 콘덴서, TR 등의 리드 선과 기판의 납땜

① 저항, 콘덴서 등의 리드를 기판에 넣고 니퍼 혹은 롱노즈 플라이어로 그림 1-4-2와 같이 구부린 뒤 니퍼로 잘라낸다.

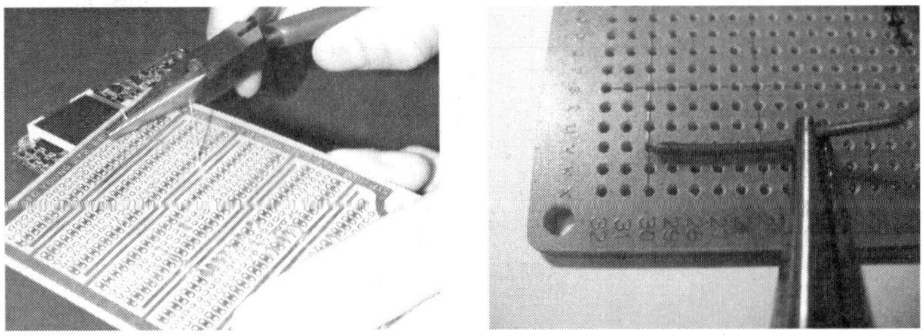

그림 1-4-2. 저항 등 부품의 기판 조립

- 이때 손으로 구부리지 말 것 : 손에 있는 땀에 의해 납땜 부위가 더러워져 땜이 잘 안됨
- 리드를 자를 때는 기판의 패드 크기만 남도록 자른다.

② 인두를 납땜 부위에 2~3초간 가열한 뒤 납을 인두 팁의 반대편에 살짝 대어 납을 녹여 땜을 한다.

〈표 1-1〉 납땜불량 원인 및 대책

상 태	원 인	대 책
• 납이 녹지 않음 • 검게 되고 땜이 안됨 • 땜 부분 윤기가 안 남	인두 팁이 더러움 인두를 오래 가열	Paste로 인두 팁 세척 및 납 도포 후 가재로 닦음
• 한쪽만 납땜 됨 • 부품이 더러워짐 • 땜 부분 윤기가 안 남	인두에 납을 댐	인두를 깨끗이 한 뒤 올바른 방법으로 납땜시도
• 과납	납을 오랫동안 댐	-
• 소납	납을 너무 짧은 시간	즉시 1회 더 납땜

(6) 배선의 납땜(선을 기판 등에 납땜할 경우)

① 선의 피복을 니퍼로 약 4~5mm 벗긴다.

② 인두를 선에다 댄 뒤 납을 대어 얇게 납을 입힌다(Pre-tinning이라 함).

③ 선을 기판에 넣은 뒤 위 (1), (2)와 같은 방법으로 땜한다.

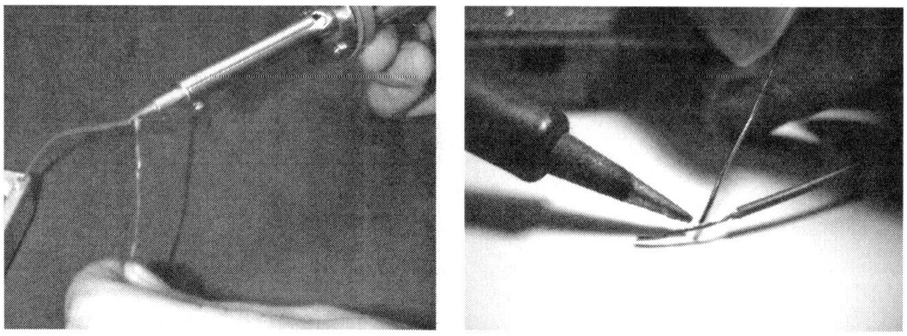

그림 1-4-3. 배선의 Pre-tinning

(7) IC의 납땜

① IC 및 TR 납땜 시 10초 이상 가열하지 말아야 한다.

② CMOS IC 납땜 시는 필히 인두를 접지시켜야 한다(정전기에 의한 파괴).

③ IC를 기판에 끼운다.

④ IC의 다리를 다음과 같이 구부린다.

- 8핀 IC 경우 : 1번과 5번만 구부리고 나머지는 그대로 땜함
- 16핀 IC 경우 : 1번과 8번만 구부리고 나머지는 그대로 땜함

⑤ 땜은 위 1-2)와 같은 방법으로 함

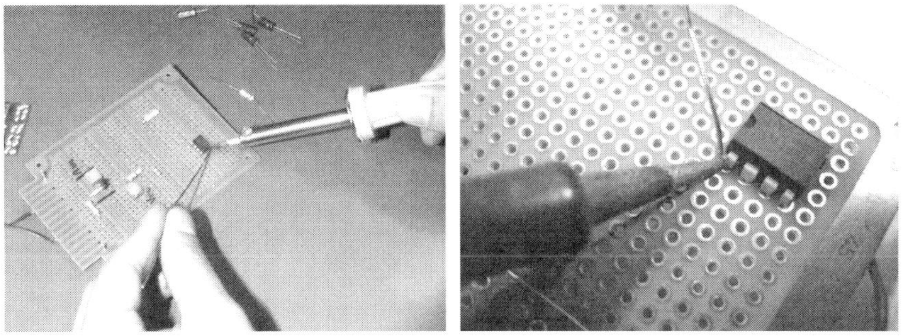

그림 1-4-4. IC 납땜

(8) 기 타

① Turret, Pin 등 납땜 시 : 배선을 Pre-tinning한 뒤 적정 길이로 자른다.

② 니퍼 등을 이용하여 270도 돌려 핀에 걸고 납땜을 실시한다.

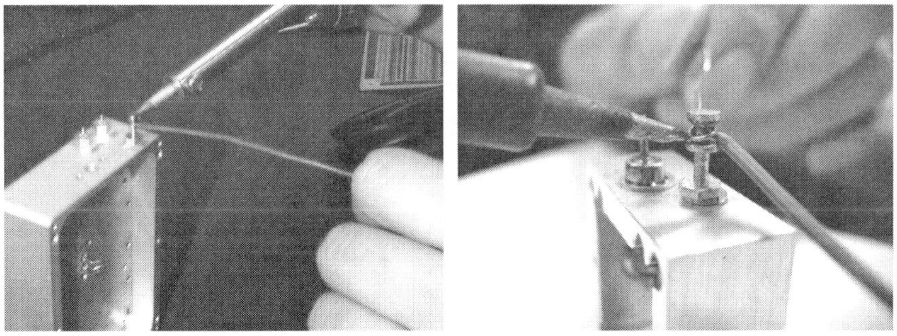

그림 1-4-5. 배선의 핀 납땜

제2장

Wire 안테나 설계 및 제작

2-1 반파장 다이폴 안테나
2-2 1/4파장 모노폴 안테나
2-3 디스콘 안테나

2-1 반파장 다이폴 안테나

1. 설계 안테나 명

반파장 다이폴 안테나

2. 설계를 위한 안테나 제원

1) 공통사항
- 안테나 도선 굵기 : dia＝1.0mm
- 재질 : copper

2) 적용주파수
- 1조 : f＝824MHz(CDMA TX 시작주파수)
- 2조 : f＝1710MHz(DCS TX 시작주파수)
- 3조 : f＝849MHz(CDMA TX 끝 주파수)
- 4조 : f＝1755MHz(DCS TX 끝 주파수)
- 5조 : f＝890MHz(GSM TX 시작주파수)
- 6조 : f＝1805MHz(DCS RX 시작주파수)
- 7조 : f＝915MHz(GSM TX 끝 주파수)
- 8조 : f＝1880MHz(DCS RX 끝 주파수)
- 9조 : f＝869MHz(CDMA RX 시작주파수)
- 10조 : f＝1850MHz(USPCS RX 시작주파수)
- 11조 : f＝894MHz(CDMA RX 끝 주파수)
- 12조 : f＝1910MHz(USPCS RX 끝 주파수)
- 13조 : f＝930MHz(GSM RX 시작주파수)
- 14조 : f＝1930MHz(USPCS TX 시작주파수)
- 15조 : f＝960MHz(GSM RX 끝 주파수)

- 16조 : $f=1990$MHz(USPCS TX 끝 주파수)
- 17조 : $f=2140$MHz(WCDMA RX 중심주파수)

3) Input impedance = 50Ω
4) 기판 : 마이크로스트립 급전 기판을 적용(휴대폰과 같음, 아래 그림 참조)
   - 크기 : 가로 × 세로 = 35 × 70[mm]
   - 기판 재질 : Epoxy 1.0mm(비유전율 4.75, 손실 탄젠트 = 0.019)
   - 마이크로스트립 폭 : W = 1.85mm, 다이폴 갭 간격 = 1.0mm

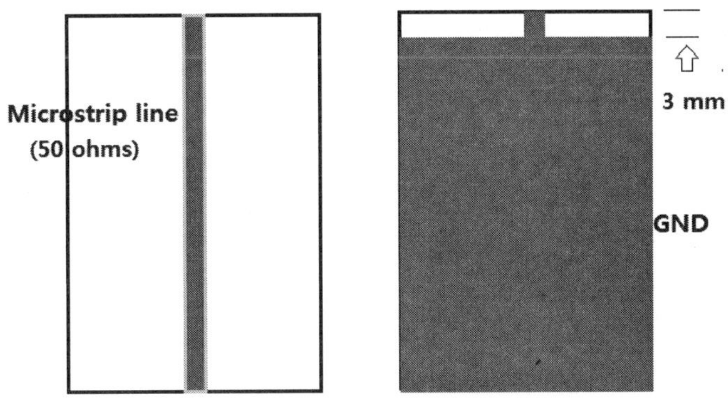

그림 2-1-1. 마이크로스트립 기판

3. 리포트 사항

1) 예비 리포트
   (1) 설계대상 안테나에 대한 이론
   (2) 안테나 설명
   (3) 설계를 위한 기본사항 준비(안테나 길이, 폭 등의 제원)
   (4) 기타
2) 결과 리포트 : 다음 주 실험 전에 제출 및 발표
   (1) 주어진 설계제원
   (2) HFSS 모델 및 설계결과
   (3) 제작사진
   (4) 측정결과
   (5) 고찰사항(이론과 측정치의 비교검토 및 고찰)

결과 리포트 제출사항

조명 : ______________ 이름 : ______________

1. 설계제원

2. HFSS 모델 및 설계결과

   1) 안테나 모델

      (1) 모델 그림(파일 복사, 치수기입)

   2) 설계결과

      (1) S11 특성

      (2) 전계강도

      (3) 전류밀도

      (4) 방사패턴

         - H면 2D 패턴(ϕ 패턴)
         - E면 2D 패턴(θ 패턴)
         - 3D 패턴

      (5) 안테나 이득(gain)

3. 제작사진

4. 측정결과

   1) S11 측정

5. 고찰사항

결과 예시

1. HFSS 설계 모델

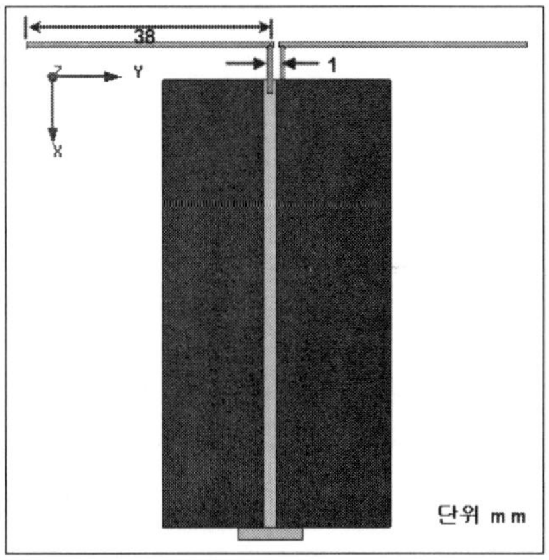

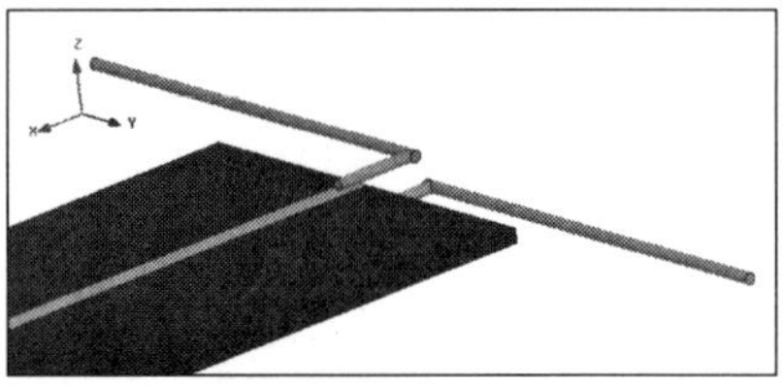

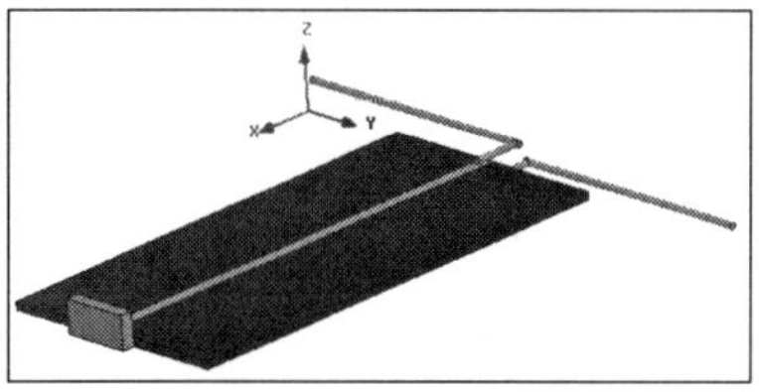

2. 설계결과

(1) S11

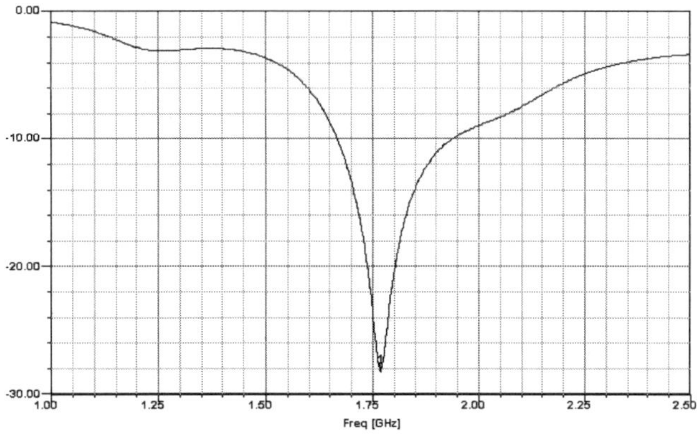

Marker 1 : 1.765GHz, −28.19dB

(2) 전계강도

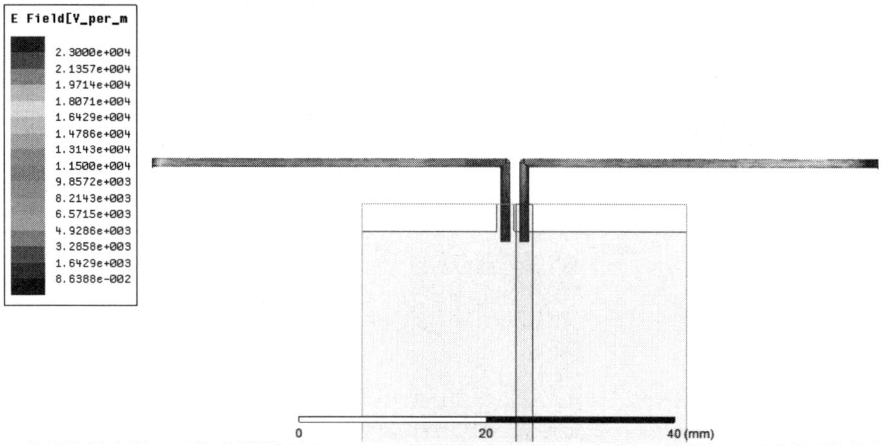
E Field[V_per_m
2.3000e+004
2.1357e+004
1.9714e+004
1.8071e+004
1.6429e+004
1.4786e+004
1.3143e+004
1.1500e+004
9.8572e+003
8.2143e+003
6.5715e+003
4.9286e+003
3.2858e+003
1.6429e+003
8.6388e-002
0
20
40 (mm)

(3) 전류밀도

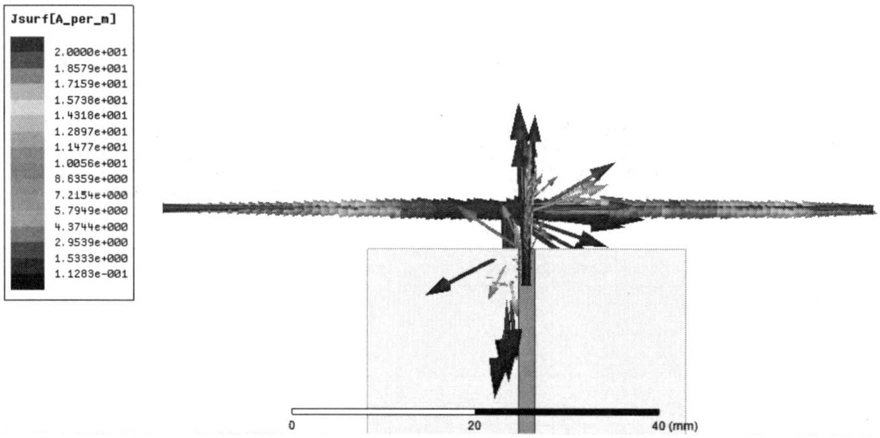
Jsurf[A_per_m]
2.0000e+001
1.8579e+001
1.7159e+001
1.5738e+001
1.4318e+001
1.2897e+001
1.1477e+001
1.0056e+001
8.6359e+000
7.2154e+000
5.7949e+000
4.3744e+000
2.9539e+000
1.5333e+000
1.1283e-001
0
20
40 (mm)

(4) 방사패턴

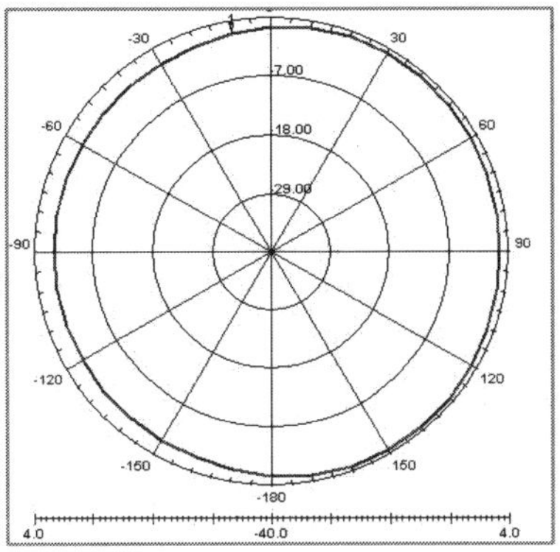

H 패턴

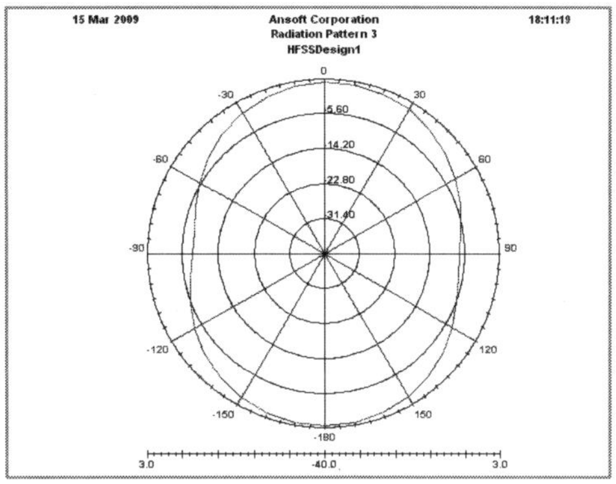

E 패턴

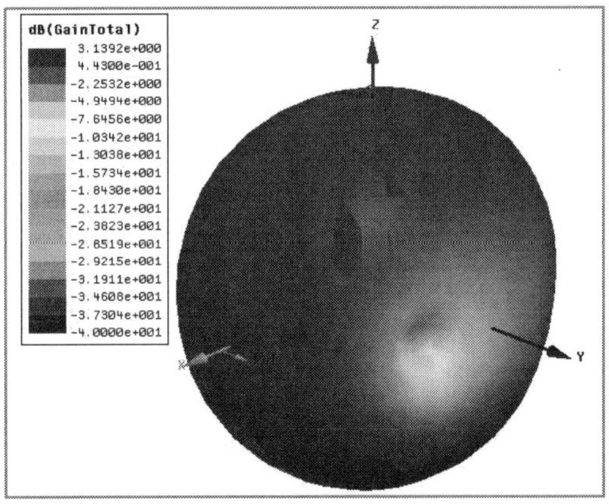

3D 패턴

3. 제작사진

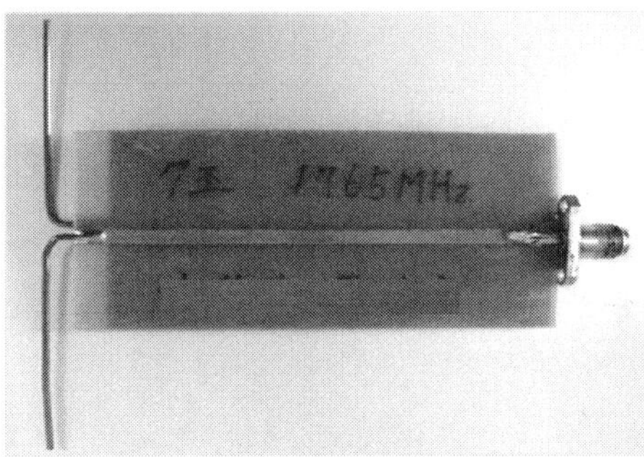

4. 측정결과

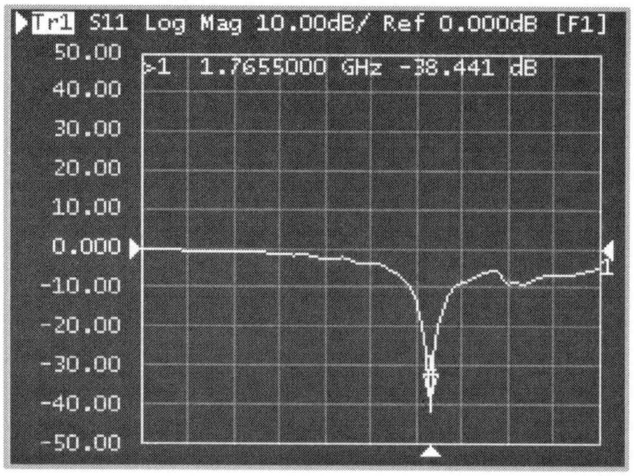
Tr1 S11 Log Mag 10.00dB/ Ref 0.000dB [F1]
>1 1.7655000 GHz -38.441 dB
50.00
40.00
30.00
20.00
10.00
0.000
-10.00
-20.00
-30.00
-40.00
-50.00

2-2 1/4파장 모노폴 안테나

1. 설계 안테나 명

1/4파장 접지 안테나(Monopole 안테나=Whip 안테나)

2. 설계를 위한 안테나 제원

1) 공통사항
- 안테나 도선 굵기 : dia=1.0mm
- 재질 : copper

2) 적용주파수
- 1조 : f=1750MHz(KPCS TX 1)
- 2조 : f=1780MHz(KPCS TX 2)
- 3조 : f=1840MHz(KPCS RX 1)
- 4조 : f=1870MHz(KPCS RX 2)
- 5조 : f=1850MHz(USPCS TX 1)
- 6조 : f=1910MHz(USPCS TX 2)
- 7조 : f=1930MHz(USPCS RX 1)
- 8조 : f=1990MHz(USPCS RX 2)
- 9조 : f=1710MHz(DCS TX 1)
- 10조 : f=1785MHz(DCS TX 2)
- 11조 : f=1805MHz(DCS RX 1)
- 12조 : f=1880MHz(DCS RX 2)
- 13조 : f=1920MHz(WCDMA TX 1)
- 14조 : f=1980MHz(WCDMA TX 2)
- 15조 : f=2110MHz(WCDMA RX 1)

- 16조 : $f=2170$MHz(WCDMA RX 2)
- 17조 : $f=2140$MHz(WCDMA RX 중간)

3) Input impedance = 50Ω

4) 접지판 : 세로 접지판을 적용(휴대폰과 같음, 아래 그림 참조)
   - 크기 : 가로×세로 = 35×70[mm]
   - 기판 재질 : Epoxy 1.0mm(비유전율 4.75, 손실 탄젠트 = 0.019)
   - 전면 : 접지(perfect-E), 후면 : epoxy 상태

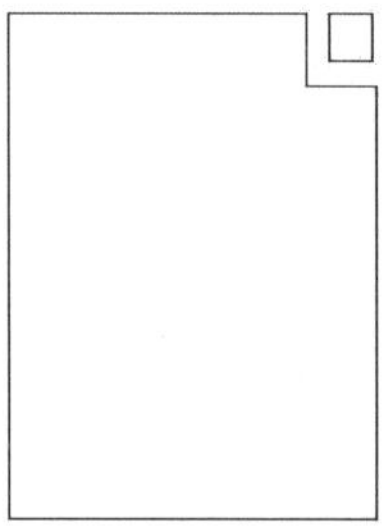

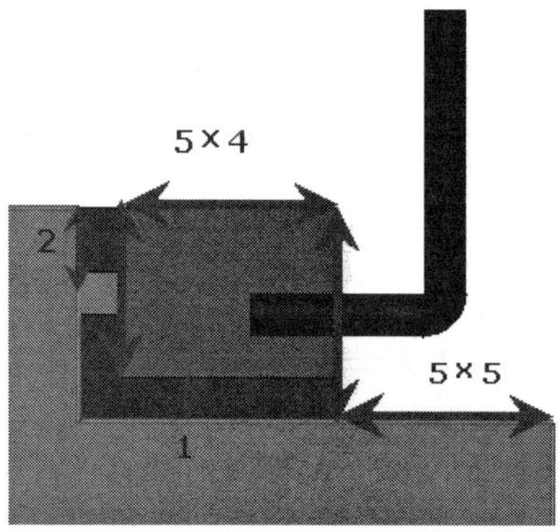

3. 리포트 사항

1) 예비 리포트
   (1) 설계대상 안테나에 대한 이론
   (2) 안테나 설명
   (3) 설계를 위한 기본사항 준비(안테나 길이, 폭 등의 제원)
   (4) 기타
2) 결과 리포트 : 다음 주 실험 전에 제출 및 발표
   (1) 주어진 설계제원
   (2) HFSS 모델 및 설계결과
   (3) 제작 사진
   (4) 측정결과
   (5) 고찰사항(이론과 측정치의 비교검토 및 고찰)

결과 리포트 제출사항

조명 : ______________ 이름 : ______________________

1. 설계제원

2. HFSS 모델 및 설계결과
   1) 안테나 모델
      (1) 모델 그림(파일 복사, 치수기입)
   2) 설계결과
      (1) S11 특성
      (2) 전계강도
      (3) 전류밀도
      (4) 방사패턴
         - H면 2D 패턴(ϕ 패턴)
         - E면 2D 패턴(θ 패턴)
         - 3D 패턴
      (5) 안테나 이득(gain)

3. 제작사진

4. 측정결과
   1) S11 측정

5. 고찰사항

결과 예시

1. 모 델

HFSS를 이용한 디자인(폴의 길이 13.2mm) 실제 제작한 모노폴 안테나

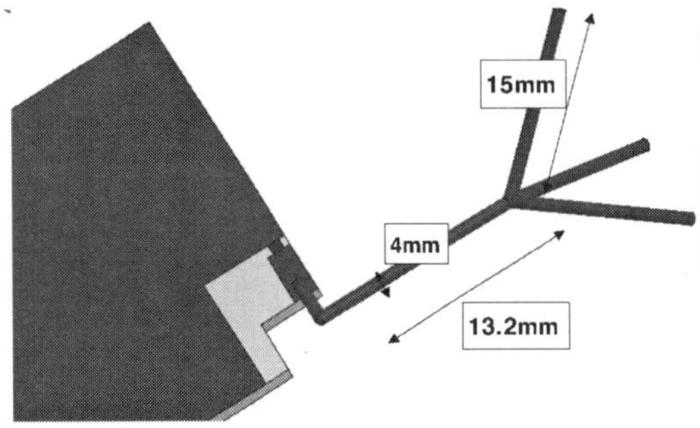

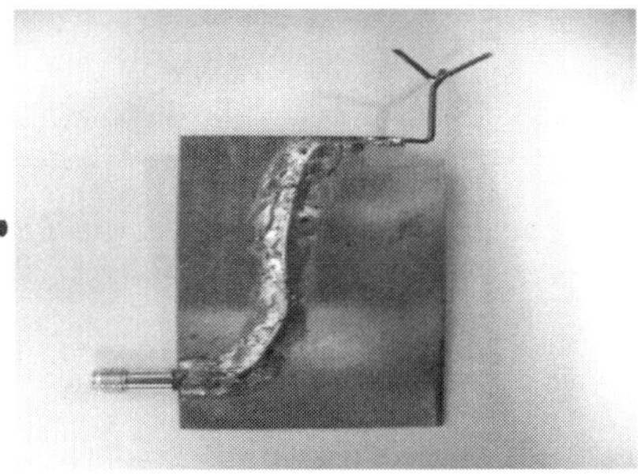

2. 설계결과

(1) S11 특성

- 시뮬레이션 결과
  1.910MHz / −9.78dB

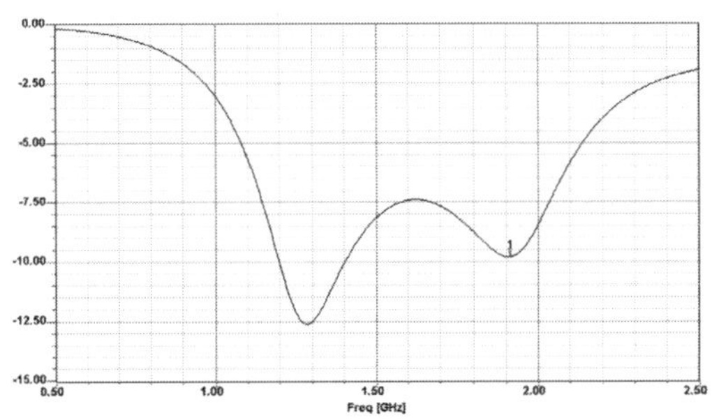

- 실측결과
  1.962GHz / −30.0dB

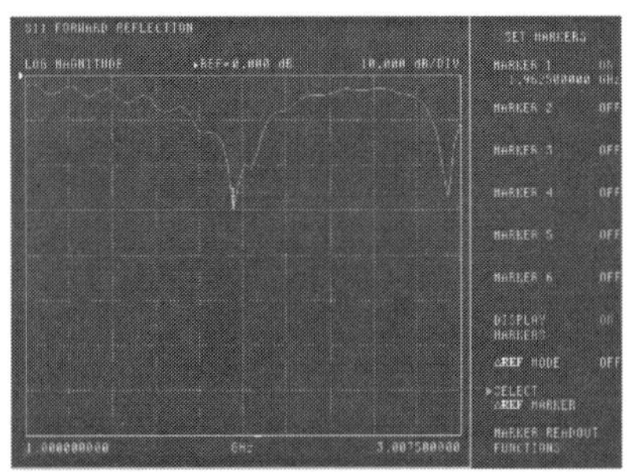

(2) 전계강도 특성

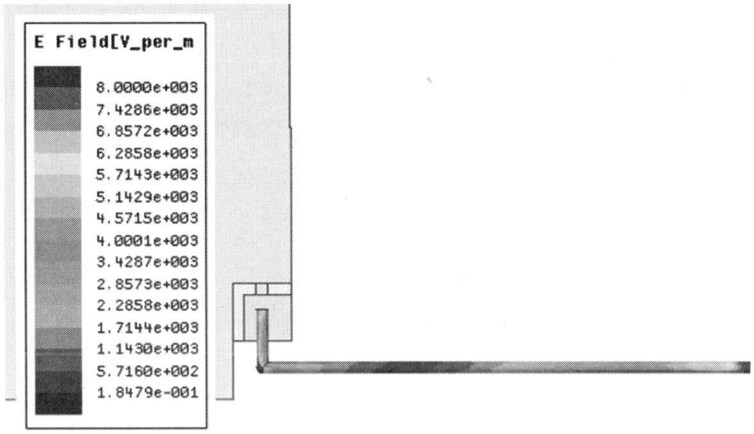

(3) 전류밀도 특성

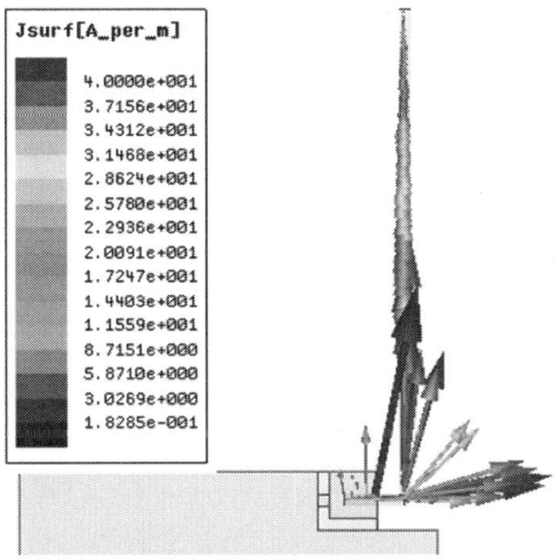

(4) 방사패턴 비교

① H 패턴

- 시뮬레이션 결과
  Peak Gain = 2.818dBi(290deg)

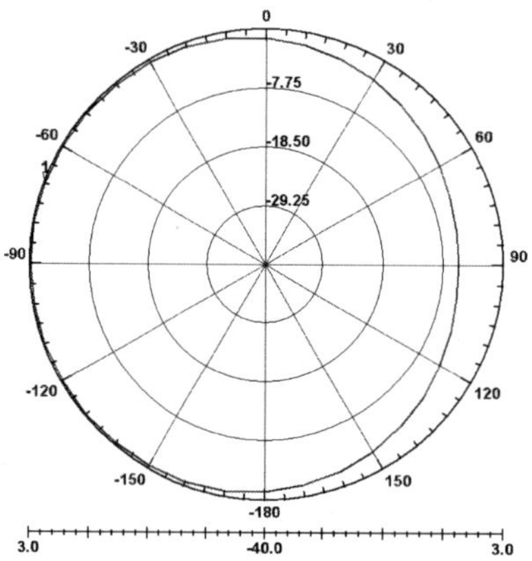

- 실측결과
  Avg Gain = －0.52dBi

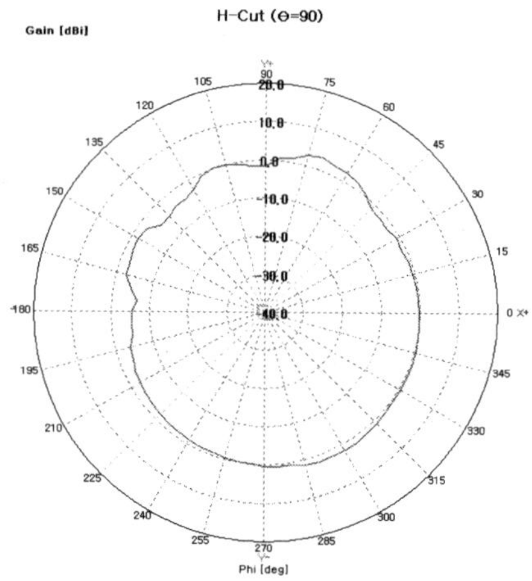

② E1 패턴

- 시뮬레이션 결과
  Peak Gain = 3.447dBi(280deg)

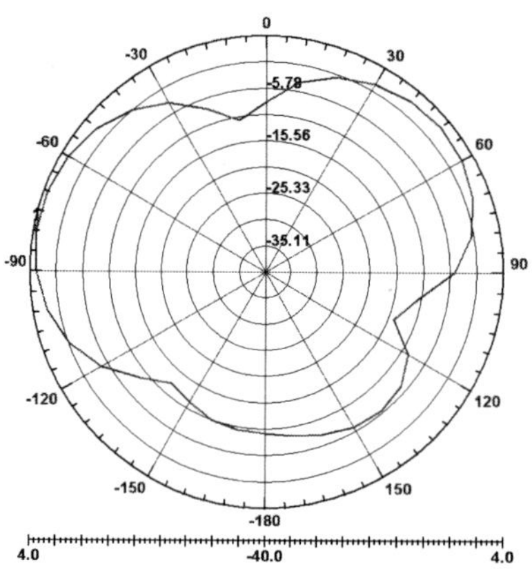

- 실측결과
  Avg Gain =－2.46dBi

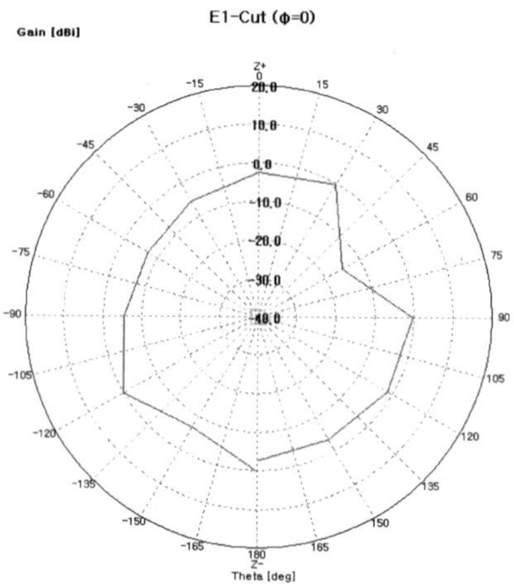

③ E2 패턴

- 시뮬레이션 결과
  Peak Gain = 3.29dBi(30deg)

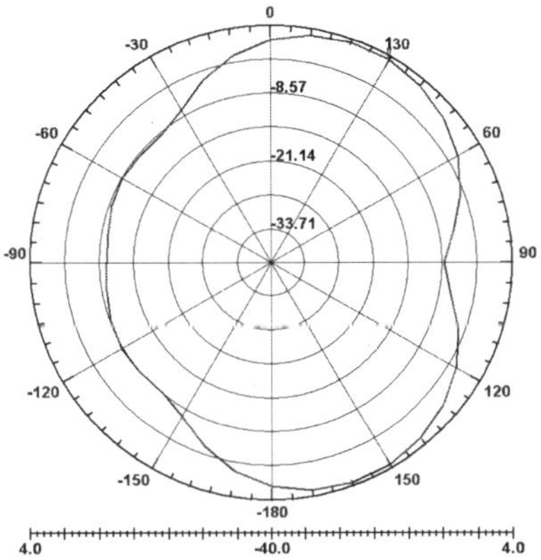

- 실측결과
  Avg Gain = 0.16dBi

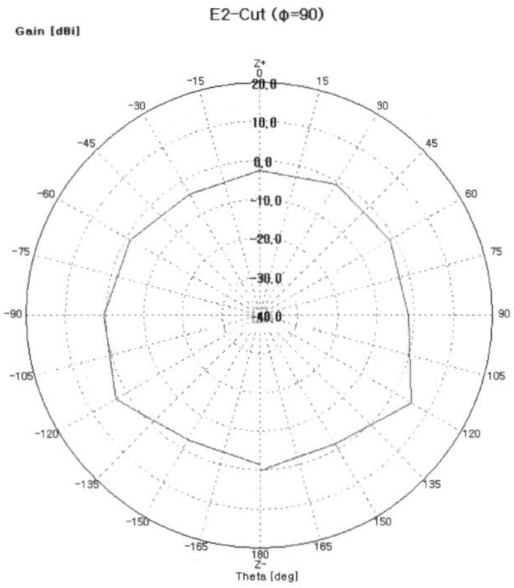

④ 3D 방사패턴

- 시뮬레이션 결과
  최대값 = 5, 최소값 = 40dB

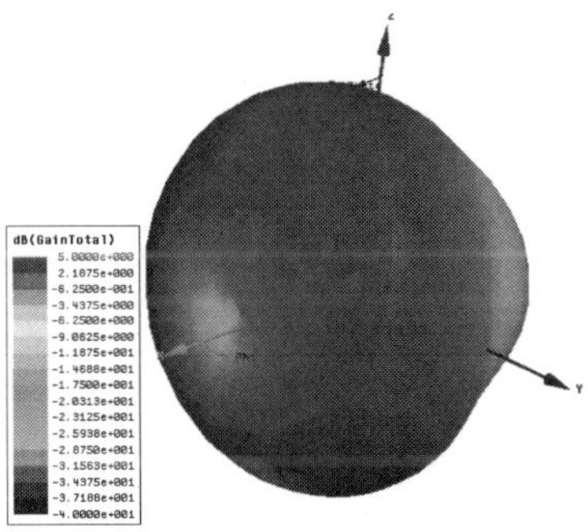

- 실측결과
  최대값 = 5, 최소값 = 40dB

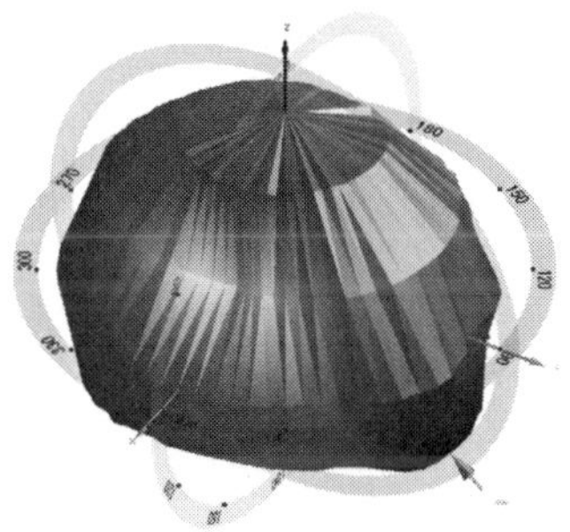

효율 : 83.42%

3. 검토 및 고찰

2-3 디스콘 안테나

1. 설계 안테나 명

광대역 디스콘(Discone) 안테나

2. 설계를 위한 안테나 제원

1) 공통사항

- Coaxial cable : RG178
- 디스콘 재질 : copper
- Antenna impedance : 50Ω

2) 중심주파수

- 1조 : f =3.0GHz
- 2조 : f =3.2GHz
- 3조 : f =3.4GHz
- 4조 : f =3.6GHz
- 5조 : f =3.8GHz
- 6조 : f =4.0GHz
- 7조 : f =3.1GHz
- 8조 : f =3.3GHz
- 9조 : f =3.5GHz
- 10조 : f =3.7GHz
- 11조 : f =3.9GHz
- 12조 : f =4.1GHz
- 13조 : f =4.3GHz
- 14조 : f =4.5GHz

- 15조 : $f=4.2$GHz

3) Input impedance = 50Ω

4) 디스크 설계 : 1/4파장
   콘 설계 : 중심주파수에서 Antenna Impedance와 부합되게 설계

제3장

RFID용 안테나 설계

3-1 Tag용 다이폴 안테나
3-2 Tag용 소형 다이폴 안테나
3-3 Tag용 미앤더 다이폴 안테나

1. 목 적

- RFID용 선형(wire) 안테나의 원리를 이해하고 이를 설계 제작한다.
- Tag용 안테나로 물체부착형 선형편파 안테나를 설계한다.
- 이 안테나의 설계는 RFID용 여타 안테나 설계에도 도움이 된다.

2. 방 법

1) 이론해석

- 안테나 이론을 사전에 공부하여 그 특성을 파악한다.
- 주어진 제원(주파수 및 대역)을 가지고 이론적인 수식에 의한 특성(반사계수, 패턴, 이득 등)을 얻는다.

2) 설 계

- HFSS에 의한 설계를 수행한다.
- 설계 후 특성(반사계수, 패턴, 이득 등)을 얻는다.

3) 제작 및 실험

- 설계된 안테나를 Mylar Sheet 위에 동판을 부착하여 제작한다.
- SMA-동축선로를 적용하여 특성을 측정한다.

3. 칩 정보

1) RFID chip 크기 : $720 \times 952\mu m$

2) Impedance : $77-j100\Omega$

3-1 Tag용 다이폴 안테나

1. 설계 안테나 명

반파장 다이폴 안테나

2. 설계를 위한 안테나 제원

1) 공통사항
   - 안테나 선로 넓이 : w=5.0mm
   - 안테나 선로 재질 : copper(perfect-E)
   - 기판(substrate) 재질 : Mylar 0.2mm

2) 적용주파수
   - 1조 : f=864MHz(UHF EU대역 최저주파수)
   - 2조 : f=868MHz(UHF EU대역 최고주파수)
   - 3조 : f=902MHz(UHF US대역 최저주파수)
   - 4조 : f=908MHz(UHF US대역 중간1주파수)
   - 5조 : f=915MHz(UHF US대역 중간2주파수)
   - 6조 : f=921MHz(UHF US대역 중간3주파수)
   - 7조 : f=928MHz(UHF US대역 최고주파수)
   - 8조 : f=910MHz(UHF KOR대역 최저주파수)
   - 9조 : f=914MHz(UHF KOR대역 최고주파수)
   - 10조 : f=950MHz(UHF JPN대역 최저주파수)
   - 11조 : f=956MHz(UHF JPN대역 최고주파수)

3) Input impedance=50Ω

4) 형 태

(1) 모델

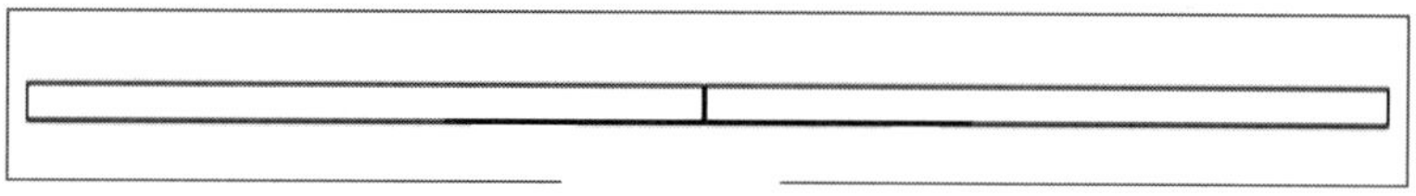

(2) 실물형태

3. 리포트 사항(다음 주 실험 전에 제출)

1) HFSS 결과

2) 제작결과

3) 측정결과

4) 고찰사항(이론과 측정치의 비교검토 및 고찰)

결과 리포트 제출사항

조명 : ______________ 이름 : ______________________

1. 설계제원

2. HFSS 모델 및 설계결과

1) 안테나 모델

(1) 모델 그림(파일 복사, 치수기입)

2) 설계결과

(1) S11 특성

(2) 전계강도

(3) 전류밀도

(4) 방사패턴

- H면 2D 패턴(ϕ 패턴)
- E면 2D 패턴(θ 패턴)
- 3D 패턴

(5) 안테나 이득(gain)

3. 제작사진

4. 측정결과

1) S11 측정

5. 고찰사항

결과 예시

1. 모 델

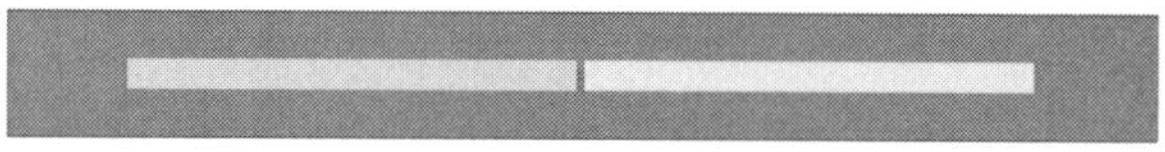

2. 제작사진

3. 설계결과

(1) S11

주파수	설 계	제 작	차 이
921MHz	**-15.4056 dB**	**-22.771 dB**	**+7.3654 dB**

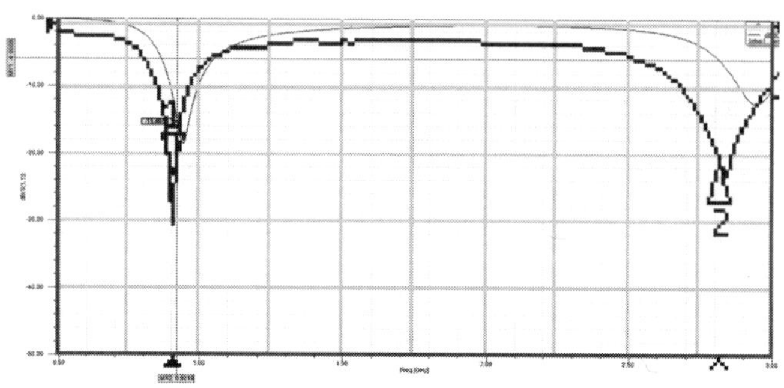

(2) 전계강도

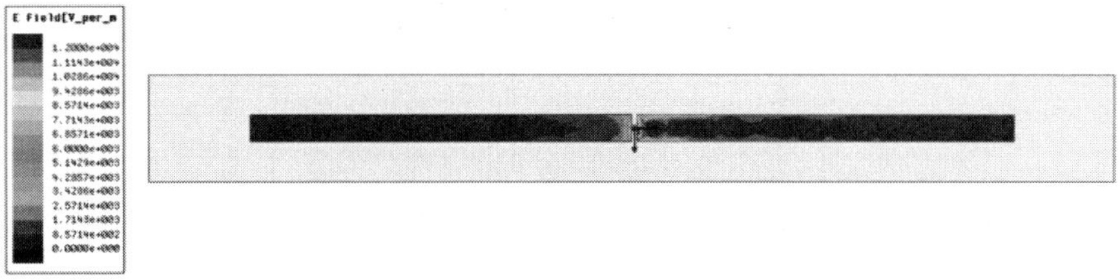

(3) 전류밀도

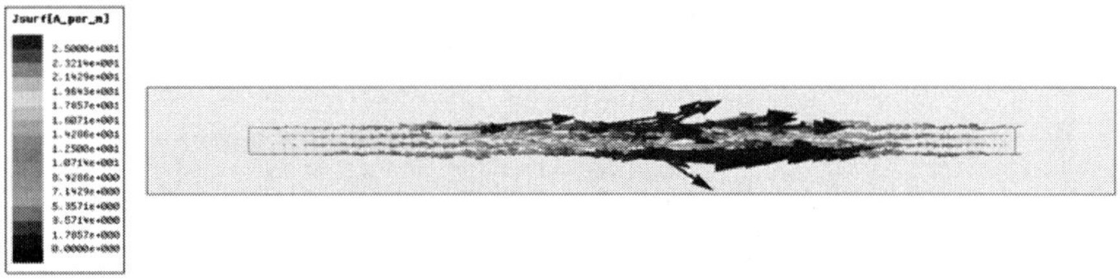

(4) 방사패턴

H 패턴

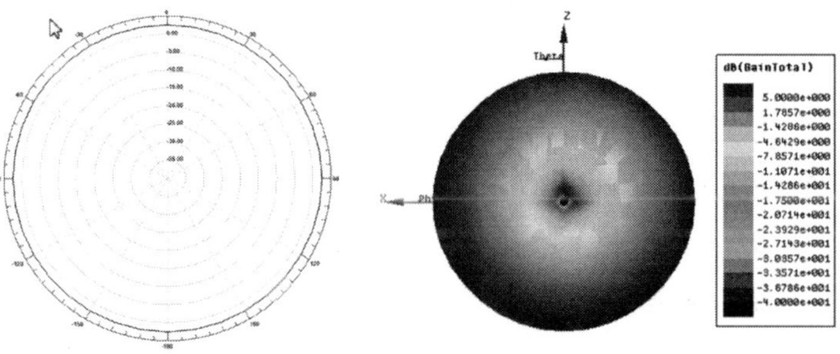

3-2 Tag용 소형 다이폴 안테나

1. 설계 안테나 명

반파장 다이폴 안테나

2. 설계를 위한 안테나 제원

1) 공통사항
   - 안테나 선로 넓이 : w=5.0mm(주) 2.0mm(부)
   - 안테나 선로 재질 : copper(perfect-E)
   - 기판(substrate) 재질 : Mylar 0.2mm

2) 적용주파수
   - 1조 : f=864MHz(UHF EU대역 최저주파수)
   - 2조 : f=868MHz(UHF EU대역 최고주파수)
   - 3조 : f=902MHz(UHF US대역 최저주파수)
   - 4조 : f=908MHz(UHF US대역 중간1주파수)
   - 5조 : f=915MHz(UHF US대역 중간2주파수)
   - 6조 : f=921MHz(UHF US대역 중간3주파수)
   - 7조 : f=928MHz(UHF US대역 최고주파수)
   - 8조 : f=910MHz(UHF KOR대역 최저주파수)
   - 9조 : f=914MHz(UHF KOR대역 최고주파수)
   - 10조 : f=950MHz(UHF JPN대역 최저주파수)
   - 11조 : f=956MHz(UHF JPN대역 최고주파수)

3) Input impedance=50Ω

4) 형 태

(1) 모델

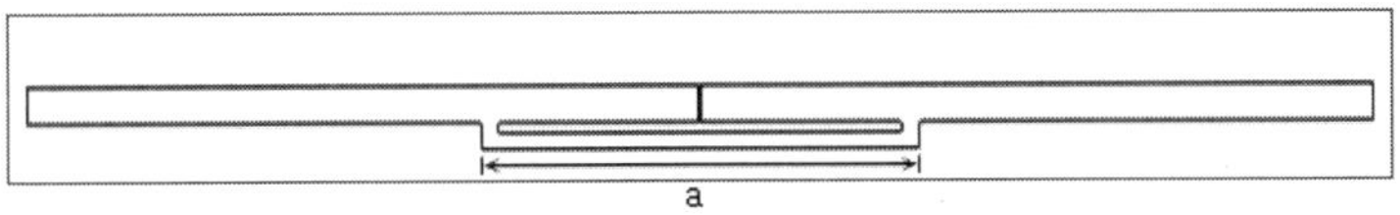

(2) 실물 형태

3. 리포트 사항(다음 주 실험 전에 제출)

1) HFSS 결과
2) 제작결과
3) 측정결과
4) 고찰사항(이론과 측정치의 비교검토 및 고찰)

결과 리포트 제출사항

조명 : ______________ 이름 : ______________________

1. 설계제원

2. HFSS 모델 및 설계결과
   1) 안테나 모델
      (1) 모델 그림(파일 복사, 치수기입)
   2) 설계결과
      (1) S11 특성
      (2) 전계강도
      (3) 전류밀도
      (4) 방사패턴
         - H면 2D 패턴(ϕ 패턴)
         - E면 2D 패턴(θ 패턴)
         - 3D 패턴
      (5) 안테나 이득(gain)

3. 제작사진

4. 측정결과
   1) S11 측정

5. 고찰사항

결과 예시

1. 모 델

모델비교

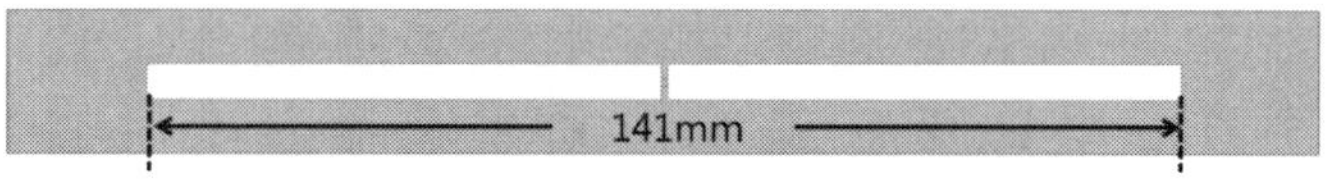

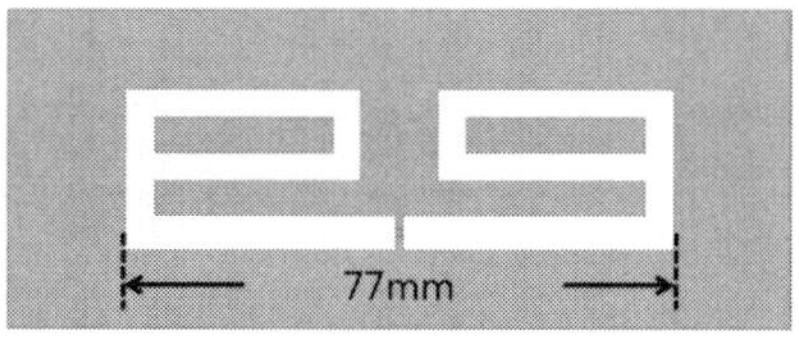

2. 설계결과

(1) S11

안테나	설 계	제 작	차 이
다이폴	-15.4056 dB	-22.771 dB	+7.3654 dB
소형화	-5.2363 dB	-5.5077 dB	+0.2714 dB

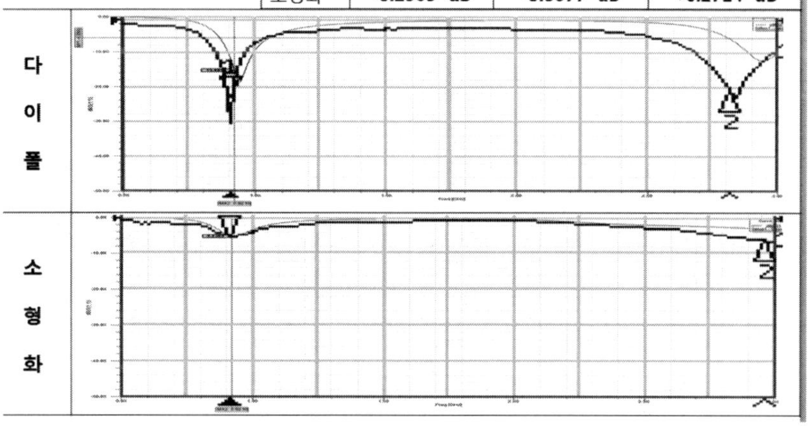

(2) 전계강도

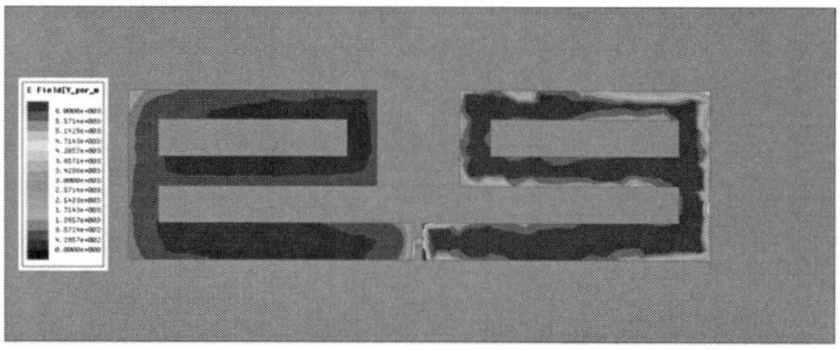

(3) 전류밀도

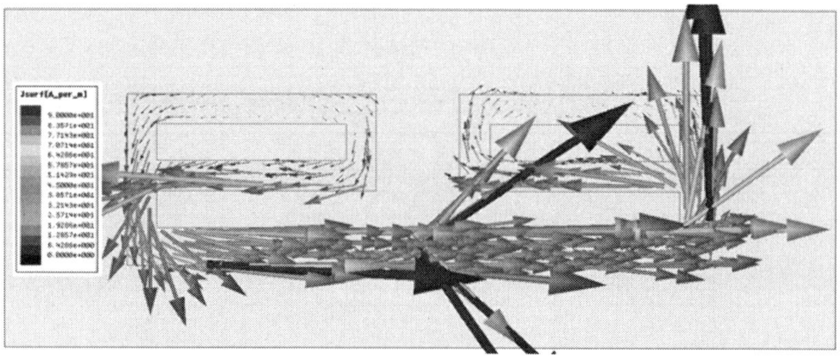

(4) 방사패턴

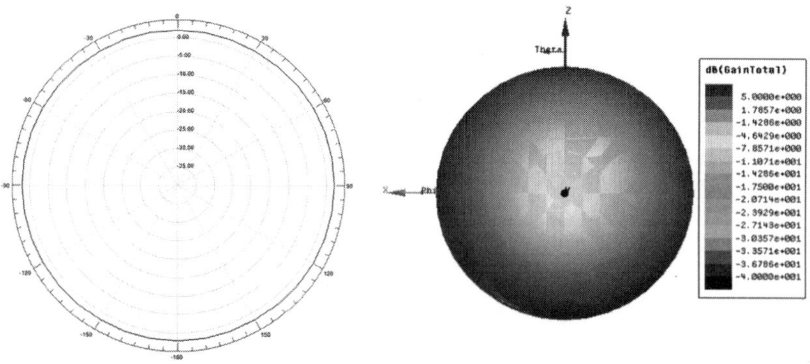

3-3 Tag용 미앤더 다이폴 안테나

1. 설계 안테나 명

반파장 다이폴 안테나

2. 설계를 위한 안테나 제원

1) 공통사항
   - 안테나 선로 넓이 : w = 2.0mm
   - 안테나 선로 재질 : copper(perfect-E)
   - 기판(substrate) 재질 : Mylar 0.2mm

2) 적용주파수
   - 1조 : f = 864MHz(UHF EU대역 최저주파수)
   - 2조 : f = 868MHz(UHF EU대역 최고주파수)
   - 3조 : f = 902MHz(UHF US대역 최저주파수)
   - 4조 : f = 908MHz(UHF US대역 중간1주파수)
   - 5조 : f = 915MHz(UHF US대역 중간2주파수)
   - 6조 : f = 921MHz(UHF US대역 중간3주파수)
   - 7조 : f = 928MHz(UHF US대역 최고주파수)
   - 8조 : f = 910MHz(UHF KOR대역 최저주파수)
   - 9조 : f = 914MHz(UHF KOR대역 최고주파수)
   - 10조 : f = 950MHz(UHF JPN대역 최저주파수)
   - 11조 : f = 956MHz(UHF JPN대역 최고주파수)

3) Input impedance = 50Ω

4) 형태 : 실물형태

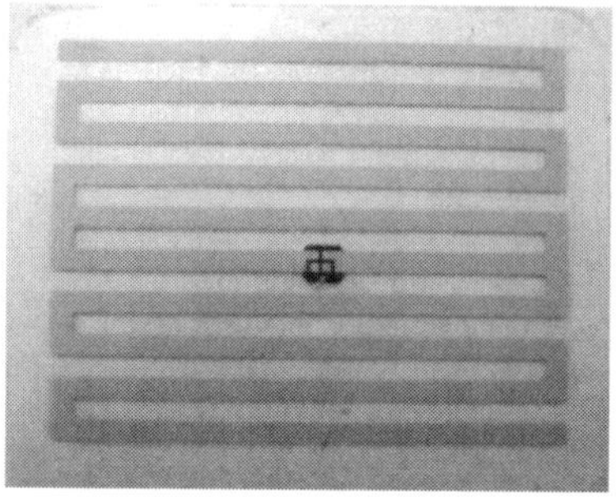

3. 리포트 사항(다음 주 실험 전에 제출)

1) HFSS 결과
2) 제작결과
3) 측정결과
4) 고찰사항(이론과 측정치의 비교검토 및 고찰)

결과 리포트 제출사항

조명 : ______________ 이름 : ______________________

1. 설계제원

2. HFSS 모델 및 설계결과

1) 안테나 모델

(1) 모델 그림(파일 복사, 치수기입)

2) 설계결과

(1) S11 특성

(2) 전계강도

(3) 전류밀도

(4) 방사패턴

- H면 2D 패턴(ϕ 패턴)
- E면 2D 패턴(θ 패턴)
- 3D 패턴

(5) 안테나 이득(gain)

3. 제작사진

4. 측정결과

1) S11 측정

5. 고찰사항

제4장

휴대폰용 내장형 안테나

4-1 PIFA(Plane Inverted F Antenna)
4-2 IFA(Inverted F Antenna)
4-3 Branch Line

1. 목 적
   - 이동통신 단말기용 LP(Low Profile) 내장형 안테나의 원리를 이해하고 실무설계를 위해 이를 제작한다.
   - 내장형의 대표적인 3종류의 안테나를 설계한다.
   - 여타 안테나 설계에도 도움을 위해 설계할 때 전류방향 등과 같은 핵심사항 등을 검토한다.

2. 방 법
   1) 이론해석
      - 안테나 이론을 사전에 공부하여 그 특성을 파악한다.
   2) 설 계
      - HFSS에 의한 설계를 수행한다.
      - 설계 후 특성(반사계수, 전류특성, 패턴, 이득 등)을 얻는다.
   3) 제작 및 실험
      - 설계된 안테나를 안테나 캐리어(Carrier)상 동판을 부착하여 제작한다.
      - SMA-동축선로를 적용하여 특성을 측정한다.

3. 휴대폰 안테나의 종류
   1) 외장형 안테나
      - 리트랙터블(Retractable) 안테나 : 헤리컬(Normal)+1/4파장(Extended)

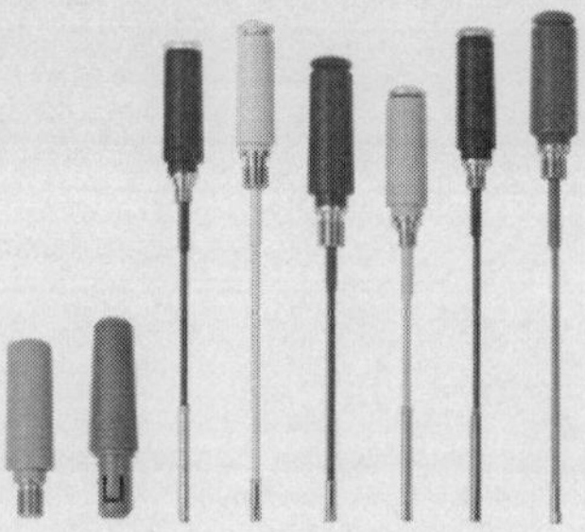

      - 헤리컬 스터비(Stubby) 안테나 : 헤리컬 안테나

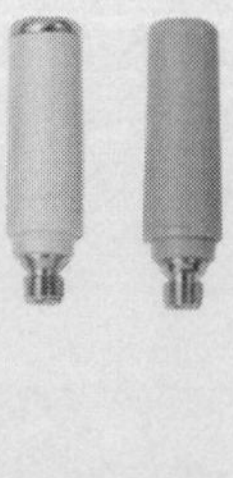

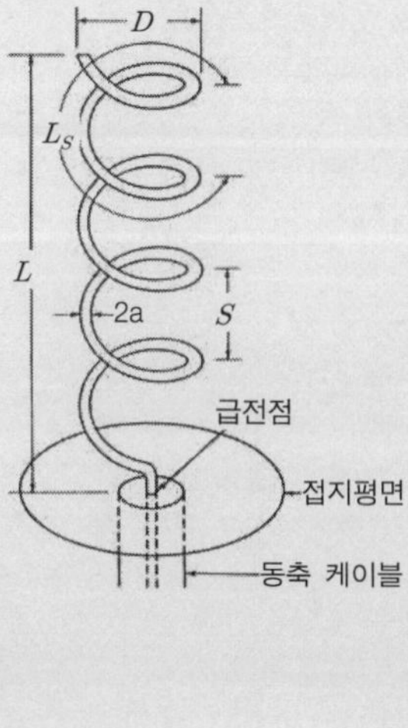

- 폴디드 모노폴 안테나(FMA : Folded Monopole Antenna)

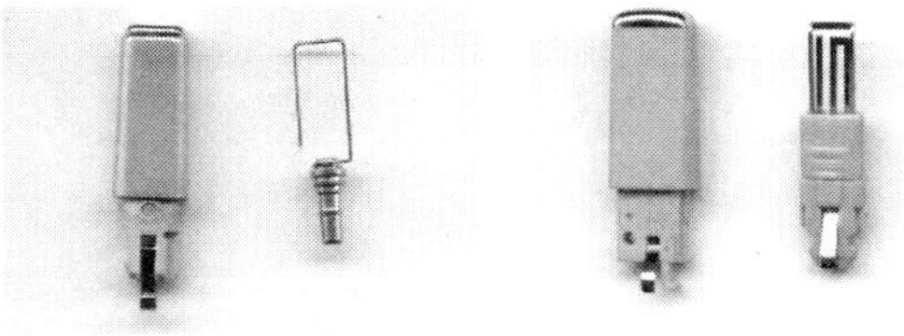

2) 내장형 안테나(Internal Antenna, Intenna)

- FA(Inverted F Antenna) : 소형, 협대역, 저이득

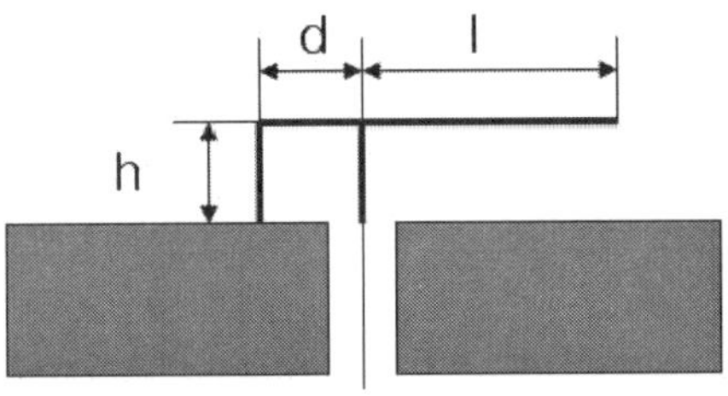

- PIFA(Plane Inved F Antenna) : 대형, 협대역, 고이득

- 모노폴 : 소형, 협대역, 고이득 (세트영향 받음)

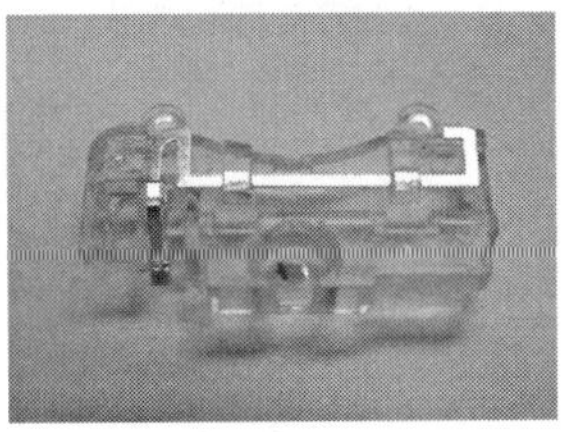

- Chip 안테나 : 초소형, 협대역, 저이득

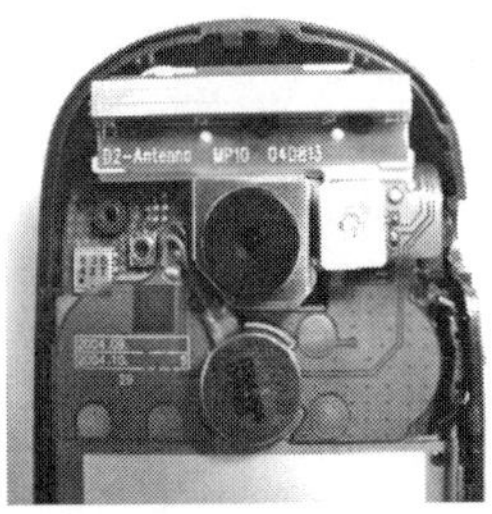

(*) 다이폴/ 루프/ 브랜치 라인

4-1 PIFA(Plane Inverted F Antenna)

1. 설계 안테나 명

PIFA 인테나

2. 설계원리

1) PIFA 구조

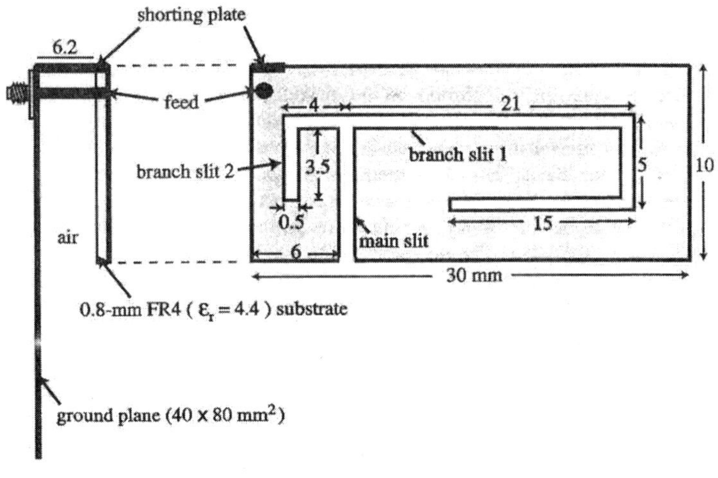

FIGURE 2.4 Geometry of the dual-frequency PIFA with a branch-line slit; dimensions given

2) 다중 공진구조

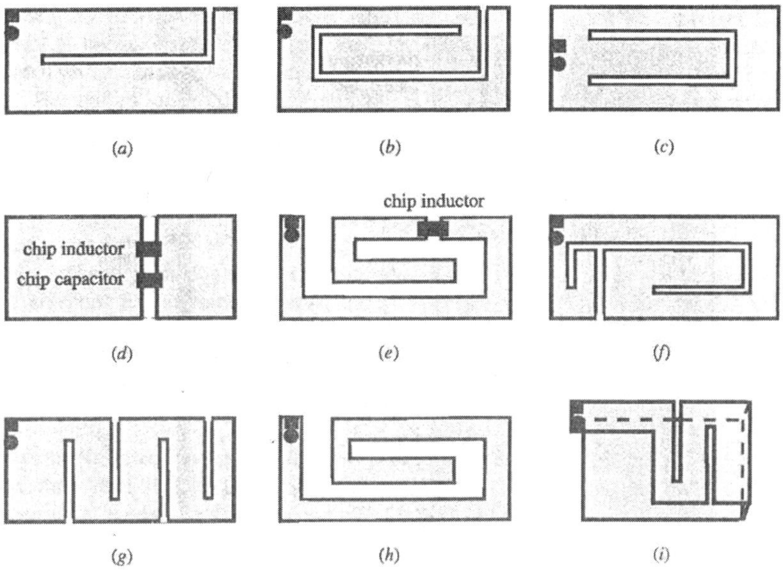

■ shorting point
● feed point

3) 전류의 흐름

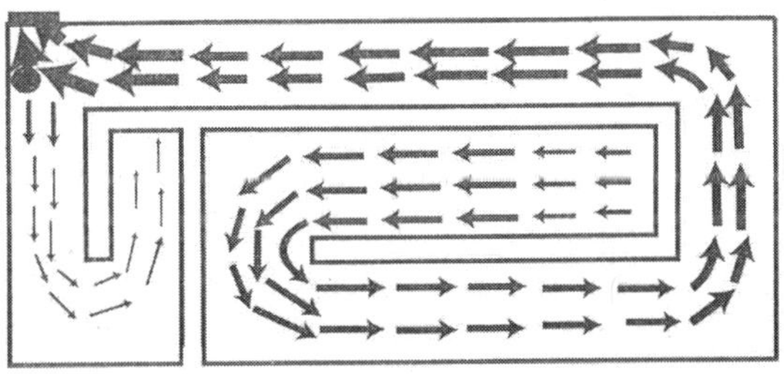

(a) $f = 950\text{MHz}$

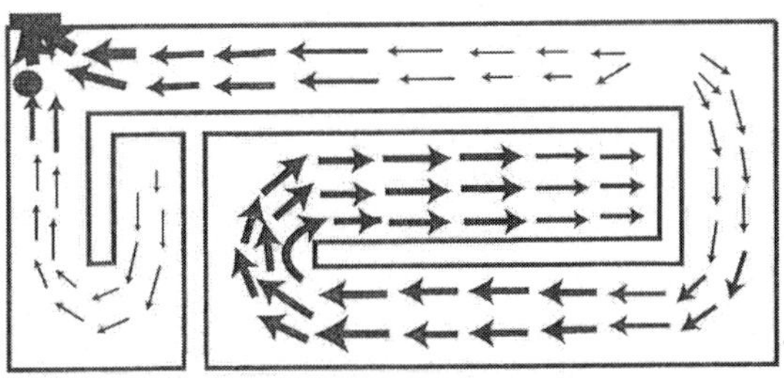

(b) $f = 1790\text{MHz}$

4) 전류흐름의 원칙

(1) 급전 위치에 따른 기본 전류방향

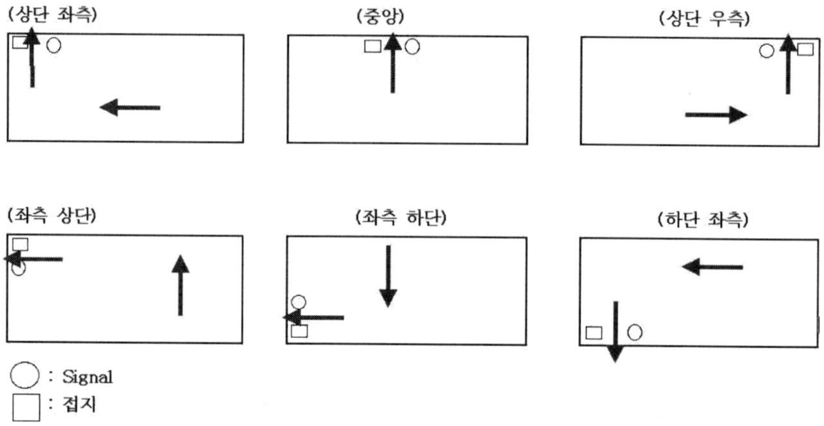

(2) 기본 전류방향을 위한 슬릿을 내는 법

① 상단 좌측의 경우(Mock-up이 좁은 경우)

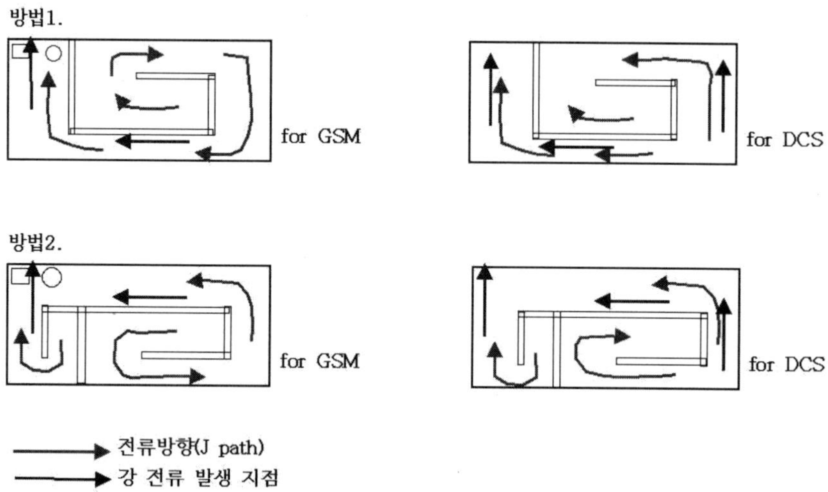

② 기타 방법

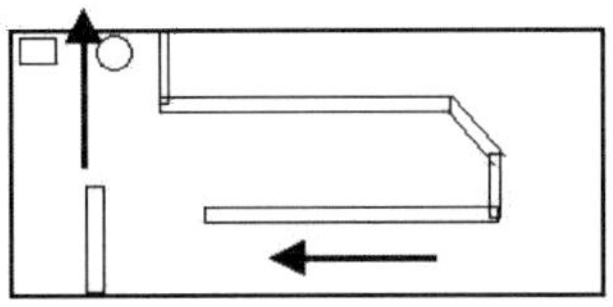

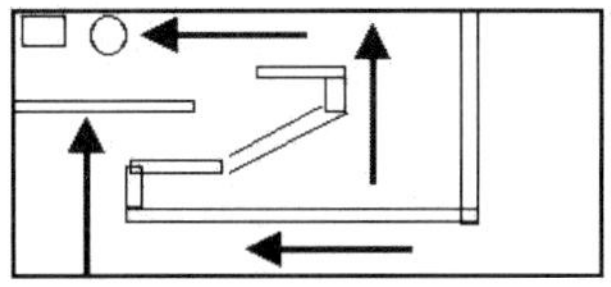

③ 나쁜 방법

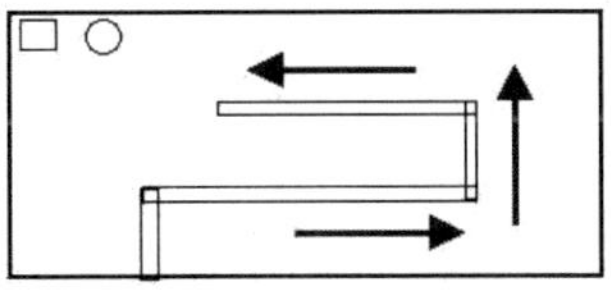

(상쇄작용)

5) 양호한 설계 예

(1) GSM/DCS dual band phone (1)

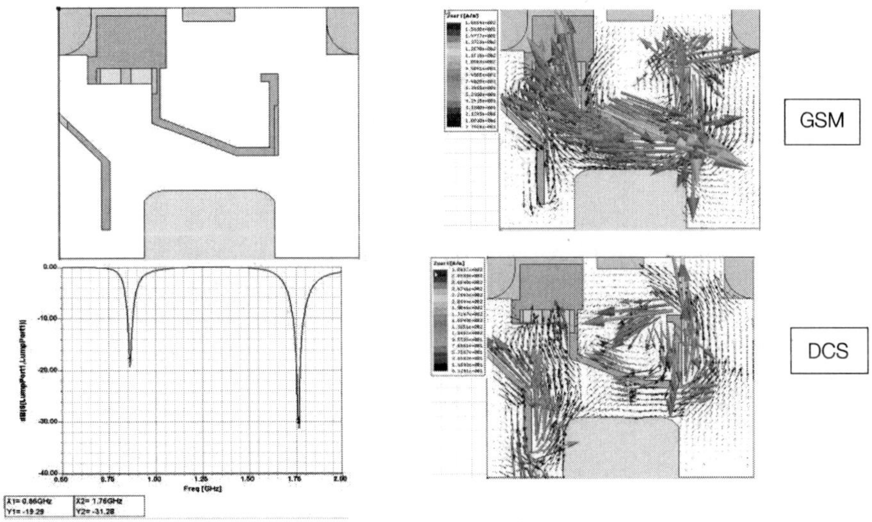

(2) GSM/DCS dual band phone (2)

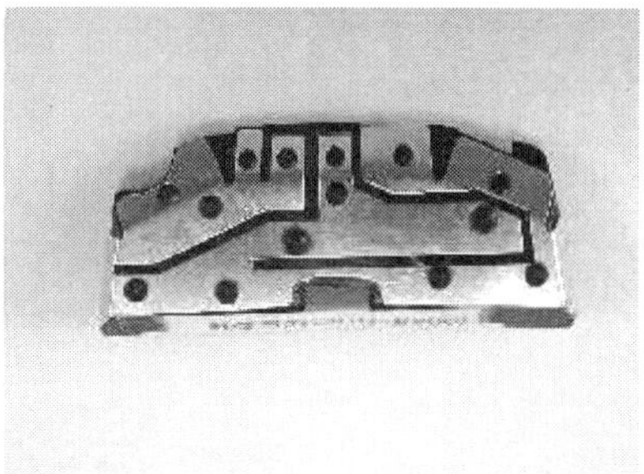

① GSM(820MHz)의 전류방향

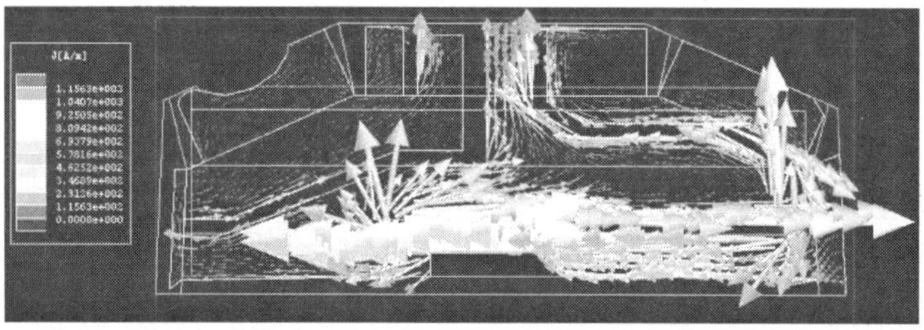

② DCS(1800MHz)의 전류방향

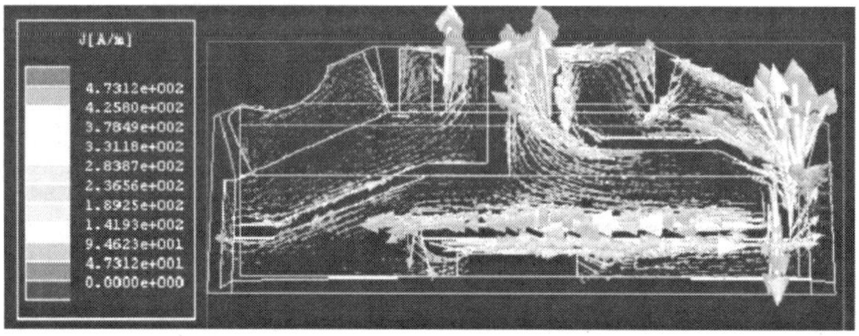

(3) GSM/DCS/US-PCS Triple band phone

① Phone 모델

② 제작된 PIFA 안테나

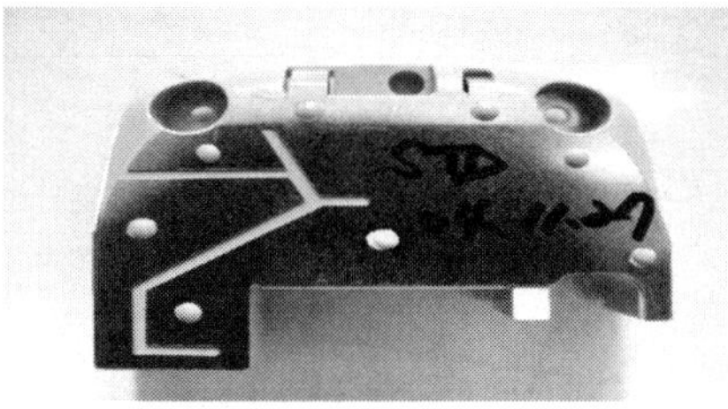

③ 시뮬레이션 모델

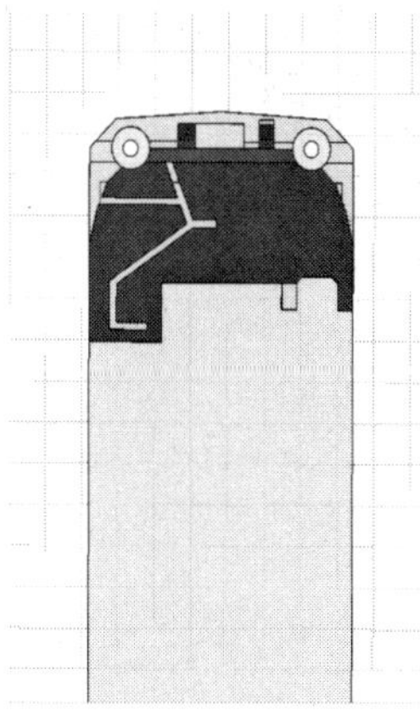

④ S11 시뮬레이션

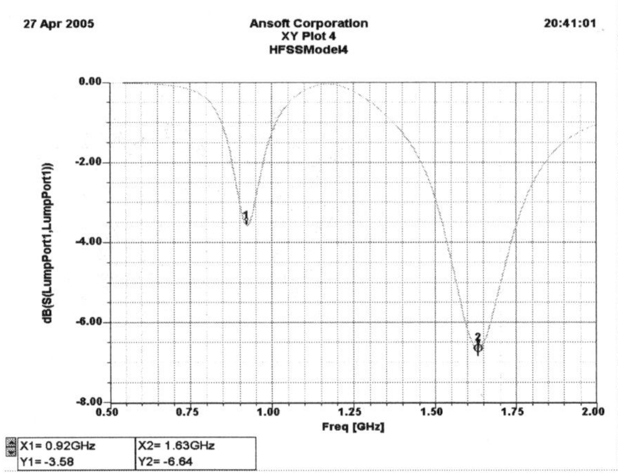

⑤ 전류방향 : GSM

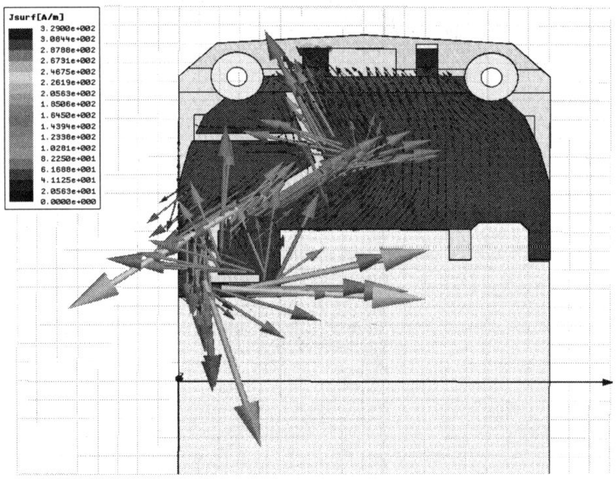

⑥ 전류방향 : DCS

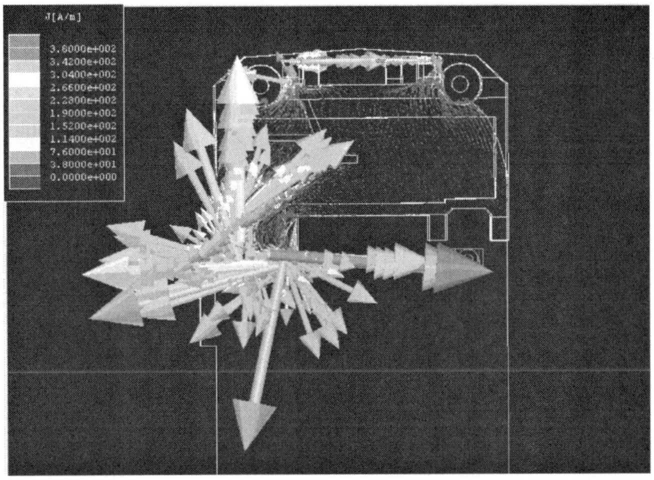

⑦ H 패턴 890MHz

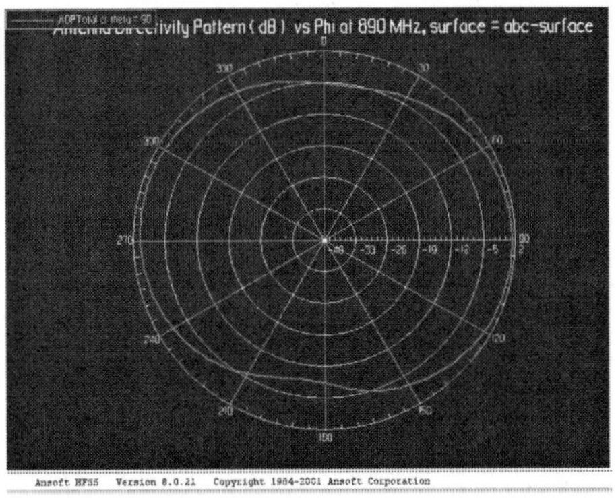

⑧ E2 패턴 890MHz

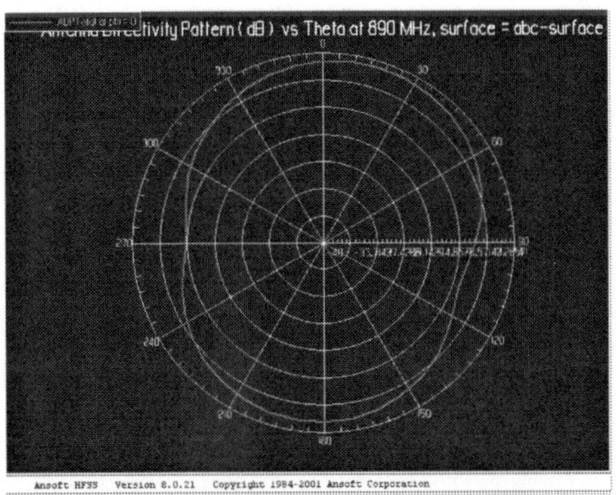

3. 설계를 위한 안테나 제원

1) 캐리어(Carrier) 모델

- 앞면

- 뒷면

① 캐리어 치수 그림 파일 : Given
② 재질 : 폴리카보네이트, $\varepsilon_r = 3.0$, $\tan\delta$ = Nothing

2) PCB 모델

① 기판 : Epoxy 1.0t, $\varepsilon_r = 4.5$, tan = 0.019

② 기판 전면 치수

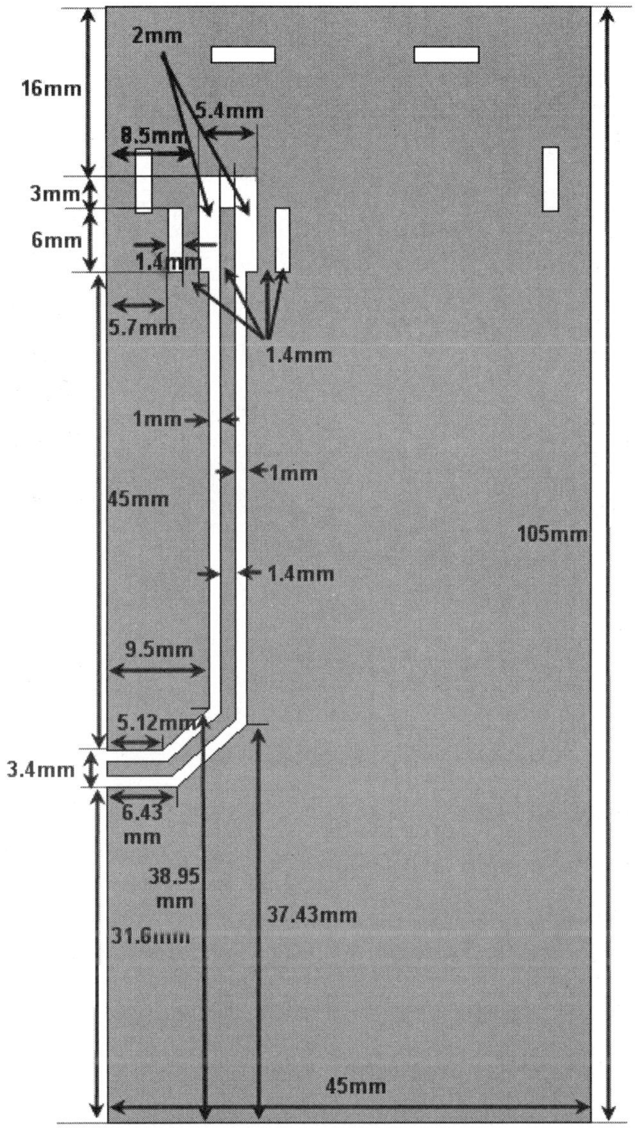

③ 기판 후면 : 전체 접지(GND)

④ Through hole : dia 2.5mm

3) 실물형태

4) 적용주파수

- 1조 : CDMA(824-894M)/ PCS(1750-1870M) dual 공진
- 2조 : GSM(890-960M)/ DCS(1710-1880M) dual 공진
- 3조 : CDMA(824-894M)/ USPCS(1850-1990M) dual 공진
- 4조 : CDMA(824-894M)/ DCS(1710-1880M) dual 공진
- 5조 : GSM(890-960M)/ PCS(1750-1870M) dual 공진
- 6조 : GSM(890-960M)/ USPCS(1850-1990M) dual 공진
- 7조 : CDMA(824-894M)/ PCS(1750-1870M) dual 공진
- 8조 : GSM(890-960M)/ DCS(1710-1880M) dual 공진
- 9조 : CDMA(824-894M)/ USPCS(1850-1990M) dual 공진
- 10조 : CDMA(824-894M)/ DCS(1710-1880M) dual 공진
- 11조 : GSM(890-960M)/ PCS(1750-1870M) dual 공진
- 12조 : GSM(890-960M)/ USPCS(1850-1990M) dual 공진

5) Input impedance = 50Ω

4. 실험순서

① HFSS에 의한 1차 설계 후 발표
② 1차 결과 수정보완 및 HFSS에 의한 2차 설계 후 발표
③ 캐리어+동판 제작, 측정
④ 고찰사항(이론과 측정치의 비교검토 및 고찰)

5. 리포트 사항

① HFSS 결과(안테나 모델, S11, 전계분포도(S11=−10dB 상하 주파수에서) 전류분포도(″), H 및 E1, E2, 3D 패턴)
② S11 측정결과

결과 예시

1. 모 델

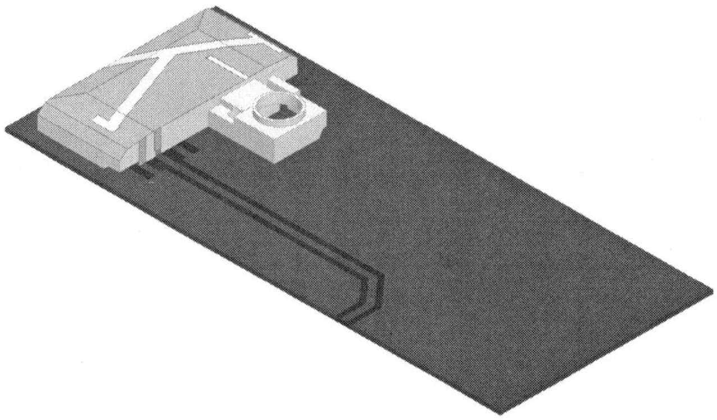

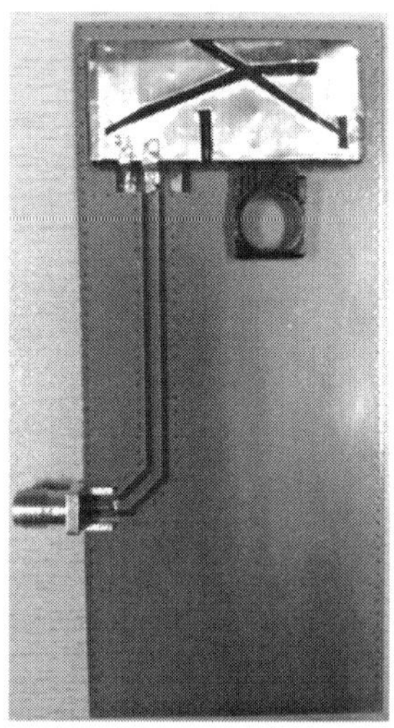

2. S11

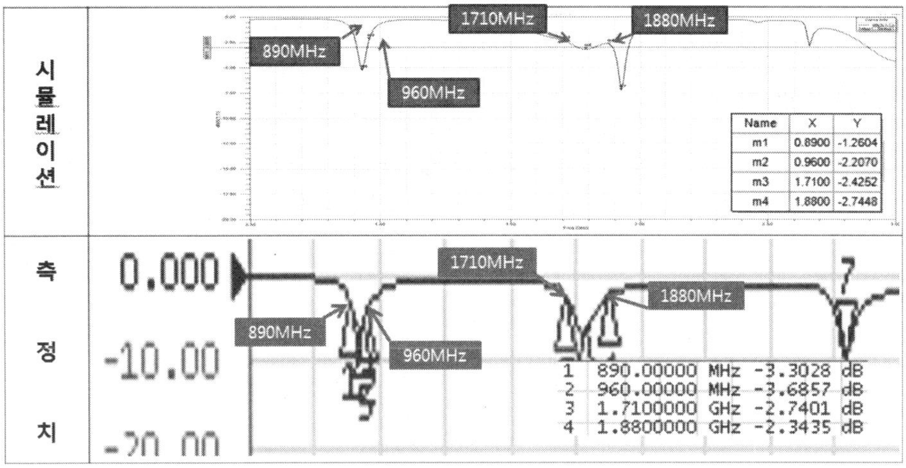

3. 전계강도

890MHz

Min	0
Max	30000

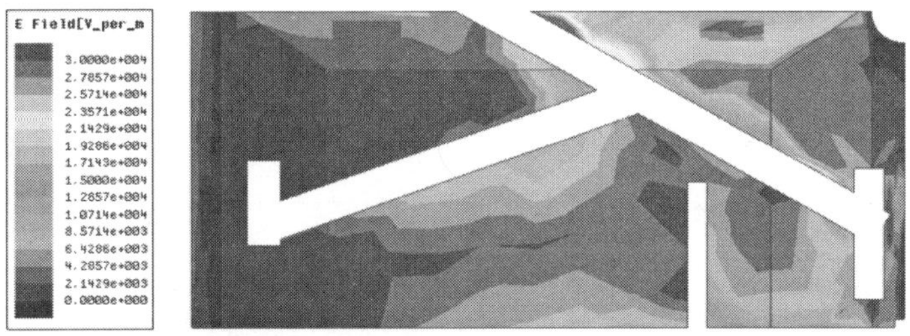

1710MHz

Min	0
Max	40000

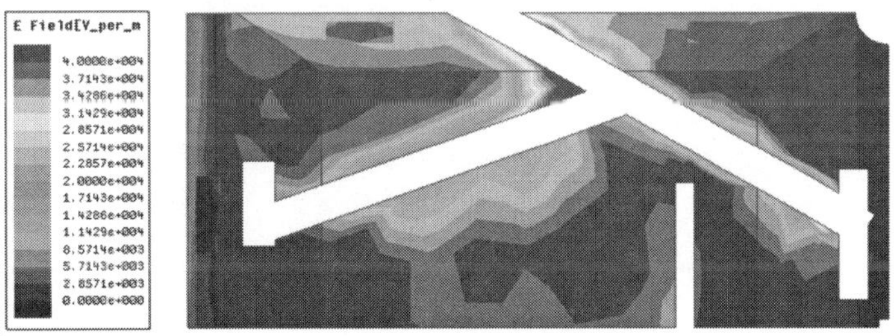

4. 전류밀도

890MHz

Min	0
Max	100

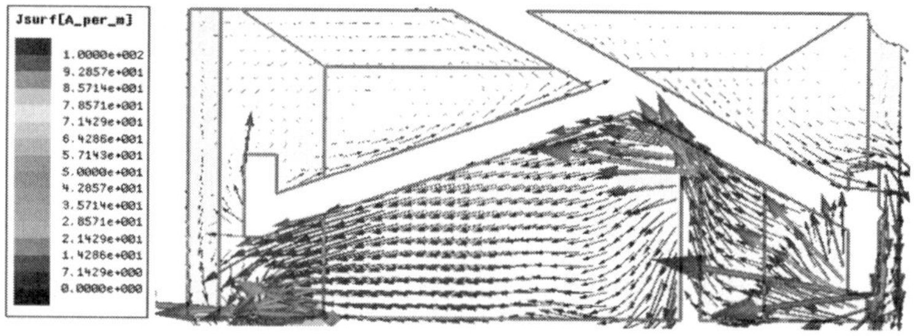

1710MHz

Min	0
Max	220

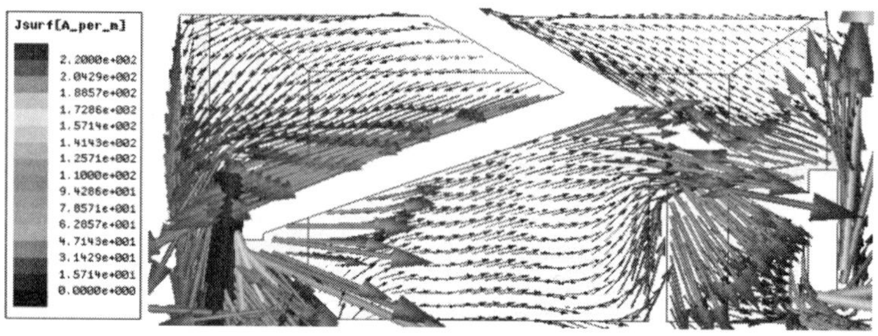

5. 방사패턴

(1) H 패턴

시뮬레이션	측 정 치	
	GSM	DCS
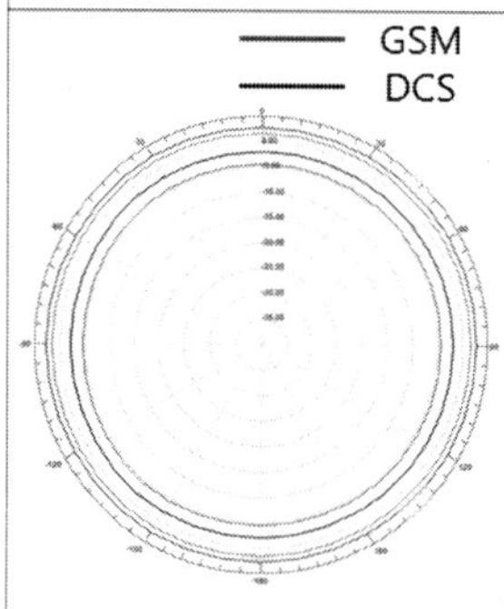	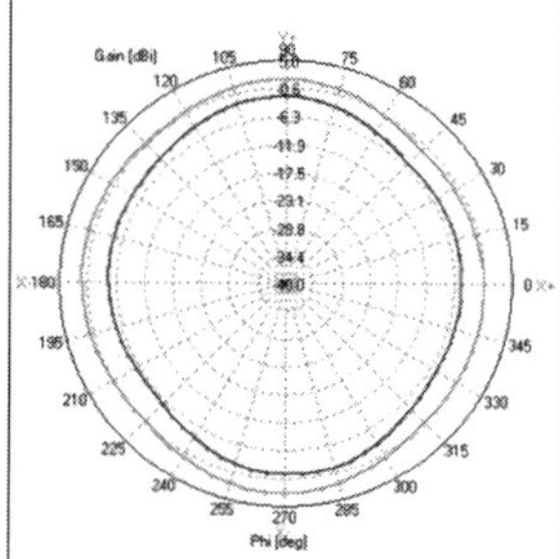	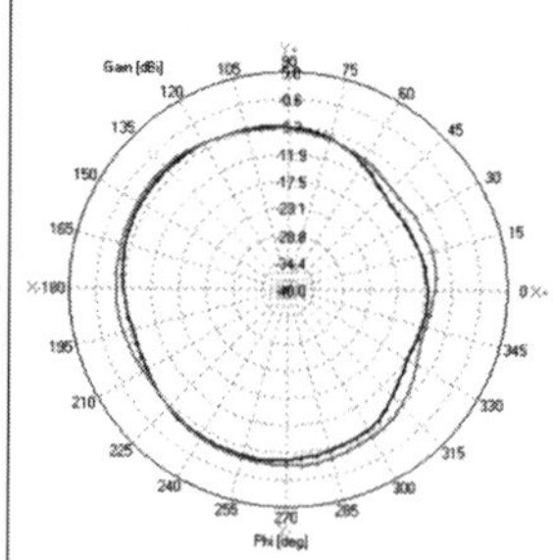

(2) E1 패턴

시뮬레이션	측 정 치	
	GSM	DCS
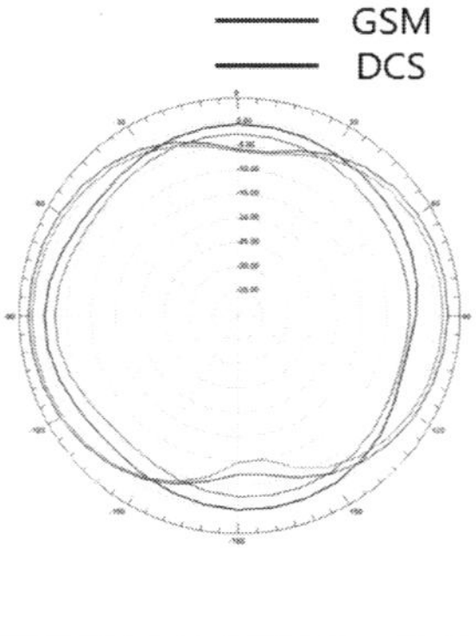	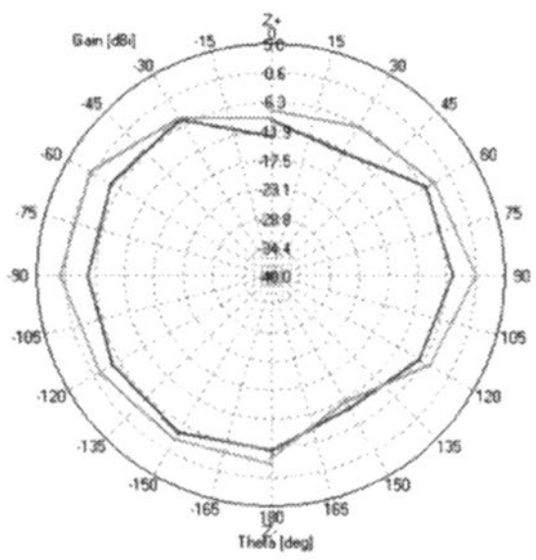	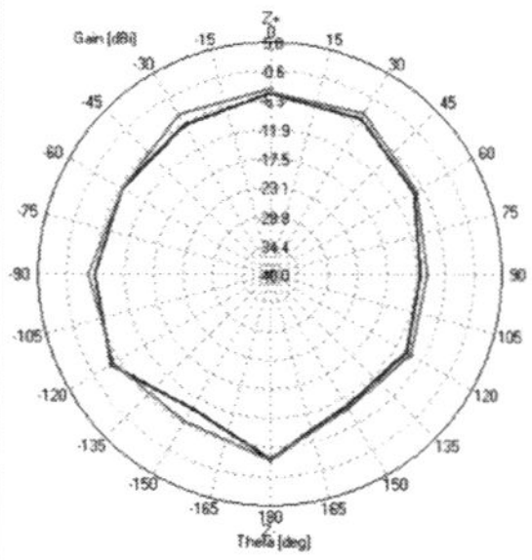

(3) E2 패턴

시뮬레이션	측 정 치	
	GSM	DCS
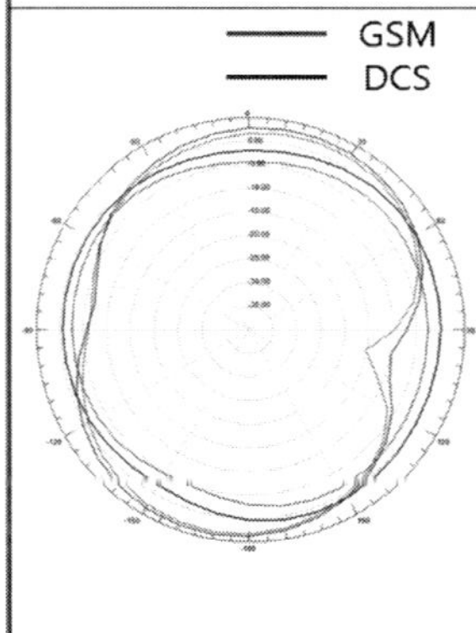	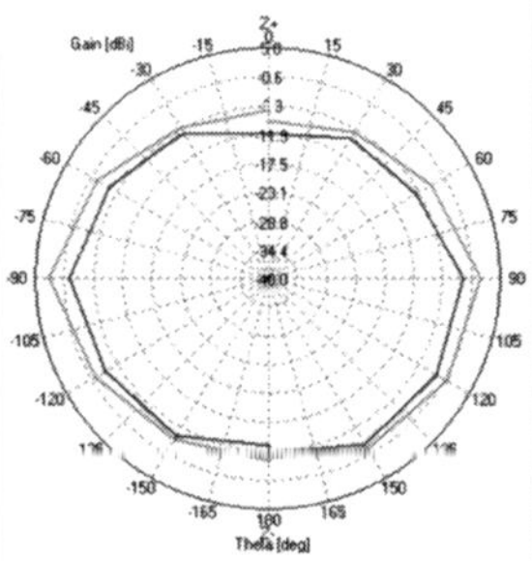	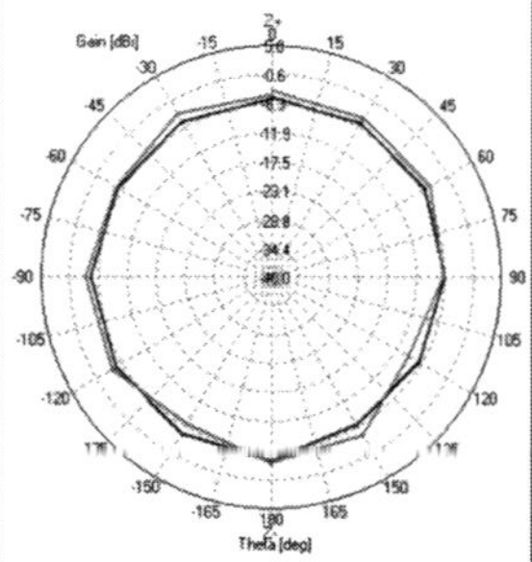

(4) 3D 패턴

	890MHz	960MHz
시뮬레이션	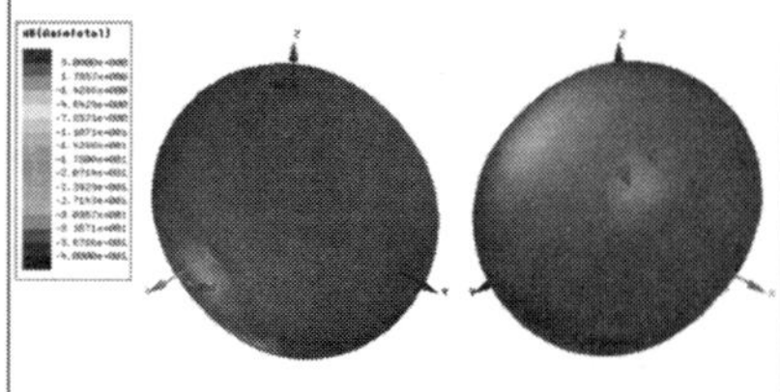	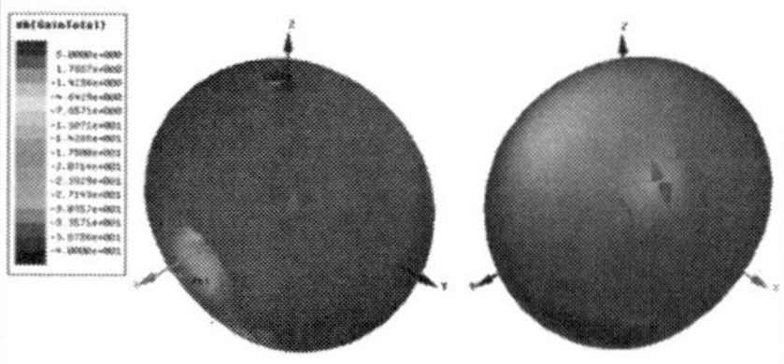
측정치	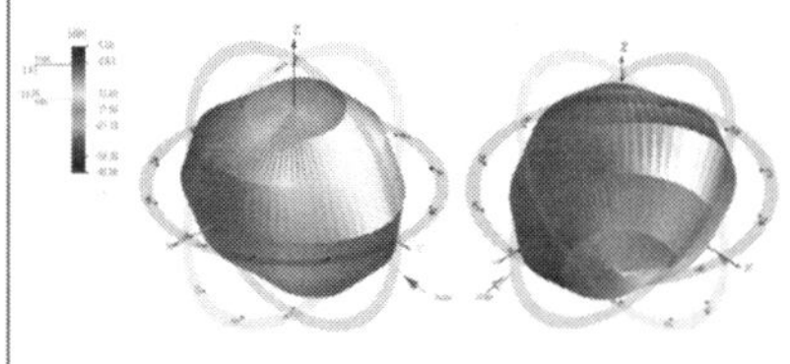	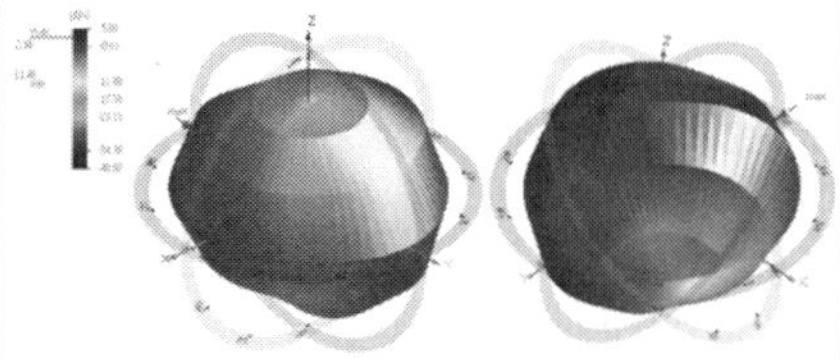

6. 효율 및 이득(측정치)

	Freq.[HGz]	Eff.[%]	Avg.[dBi]
CDMA	0.890	31.81	−4.97
	0.925	63.05	−2.00
	0.947	73.99	−1.31
	0.960	64.54	−1.90
PCS	1.710	22.08	−6.56
	1.780	44.13	−3.55
	1.795	51.76	−2.86
	1.880	25.71	−5.90

4-2 IFA(Inverted F Antenna)

1. 설계 안테나 명

IFA 인테나

2. IFA가 적합한 휴대폰 구조

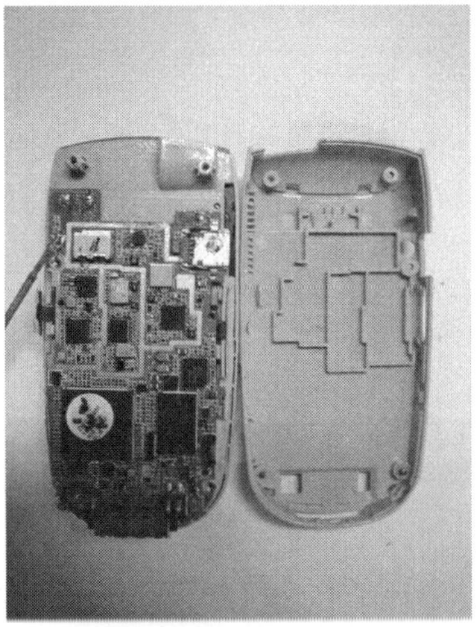

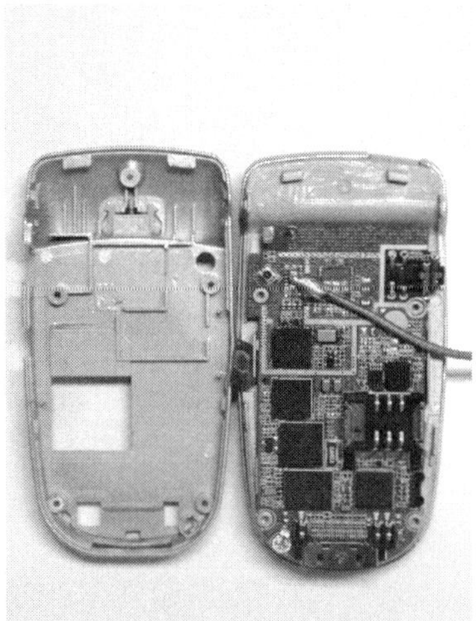

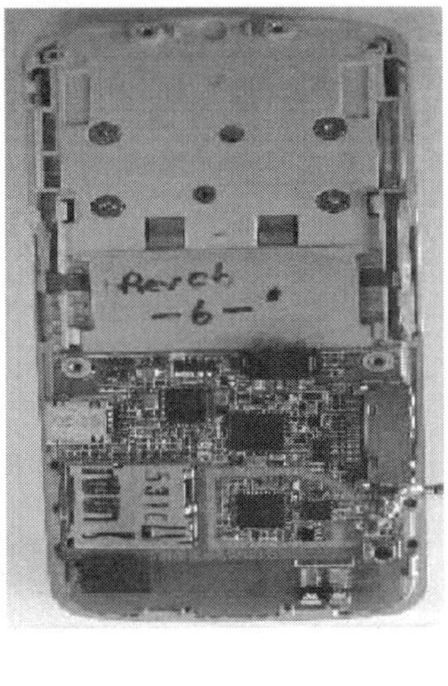

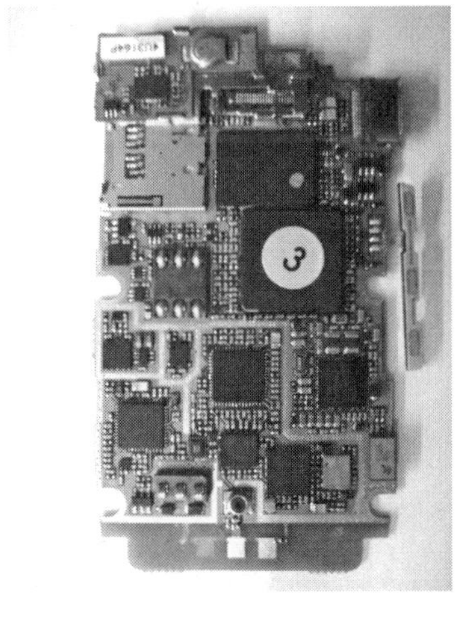

3. 설계원리

기본구조인 단일공진 구조는 다음과 같다.

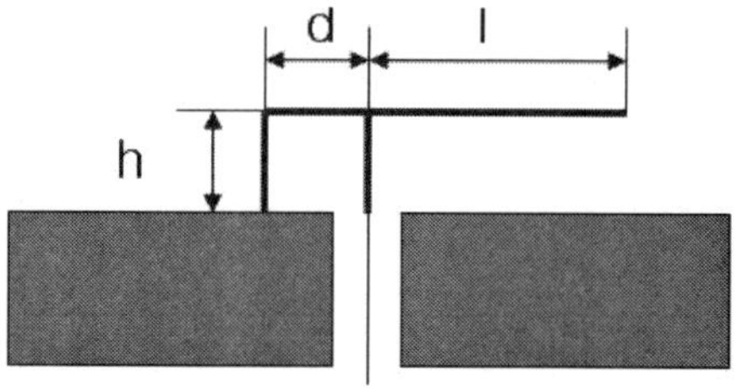

① 계산식 : $h+l \fallingdotseq \frac{\lambda}{4}$ and $d \ll \lambda$

② Low profile, VHF/UHF 밴드, 협대역 특성

③ 정합 : der h 길이로 정합

④ 수직편파 및 수평편파 성분을 가짐

⑤ 용도 : 차량통신용 안테나, 휴대단말기 안테나, 미사일탑재 안테나 등

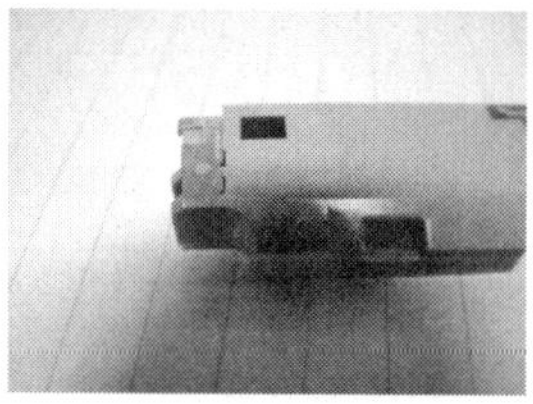

- PCS + DMB

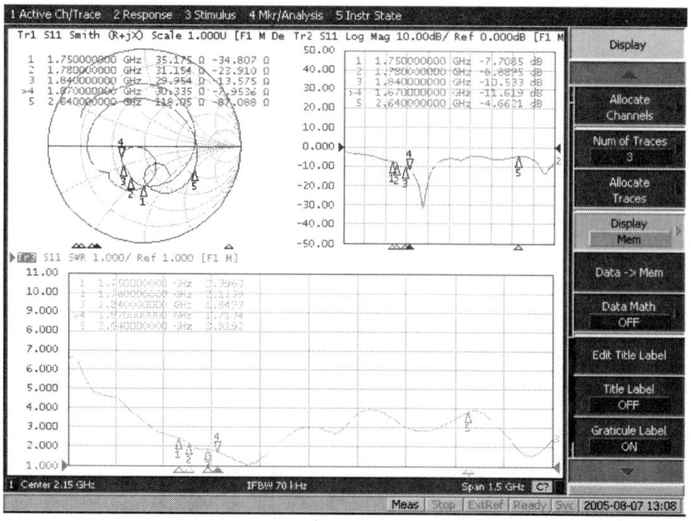

- H 패턴(PCS) : worse than PIFA

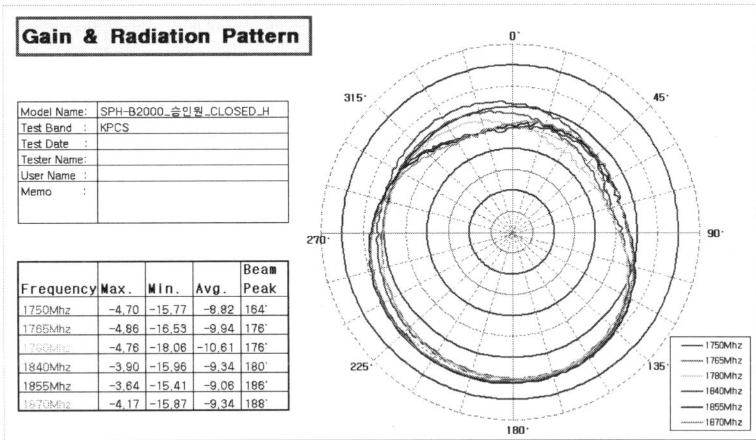

Model Name:	SPH-B2000_승인원_CLOSED_H
Test Band :	KPCS
Test Date :	
Tester Name:	
User Name :	
Memo :	

Frequency	Max.	Min.	Avg.	Beam Peak
1750Mhz	-4.70	-15.77	-8.82	164˚
1765Mhz	-4.86	-16.53	-9.94	176˚
1780Mhz	-4.76	-18.06	-10.61	176˚
1840Mhz	-3.90	-15.96	-9.34	180˚
1855Mhz	-3.64	-15.41	-9.06	186˚
1870Mhz	-4.17	-15.87	-9.34	188˚

– Old

– New

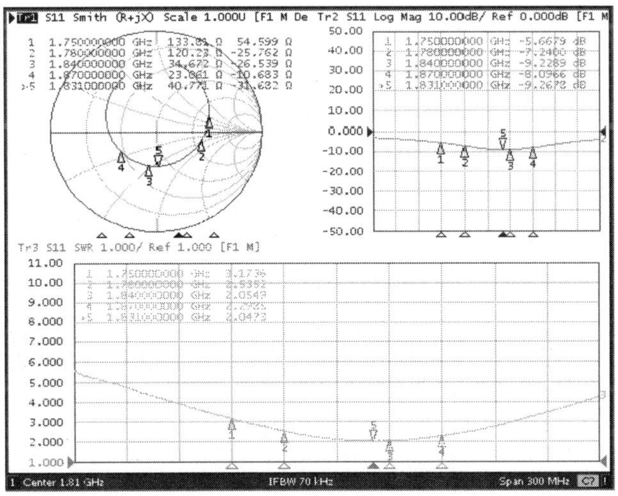

- H 패턴

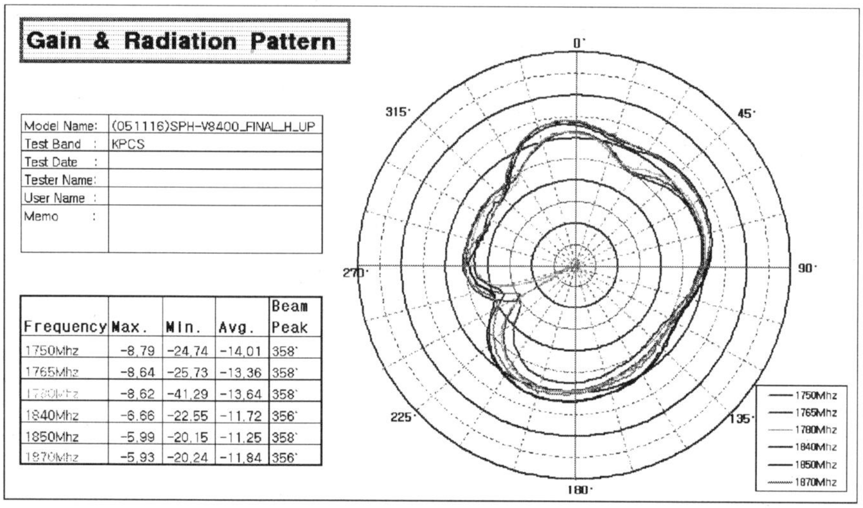

1) Old 모델과 New 모델의 특성 비교

비교 방사저항은 40Ω을 갖는 주파수에서 비교할 때

- Old 모델 : 1.54GHz
- New 모델 : 1.62GHz

2) 전계강도 비교

(1) Old Model : 최대 1×10^4 정도

① 아래에서 바라보았을 때

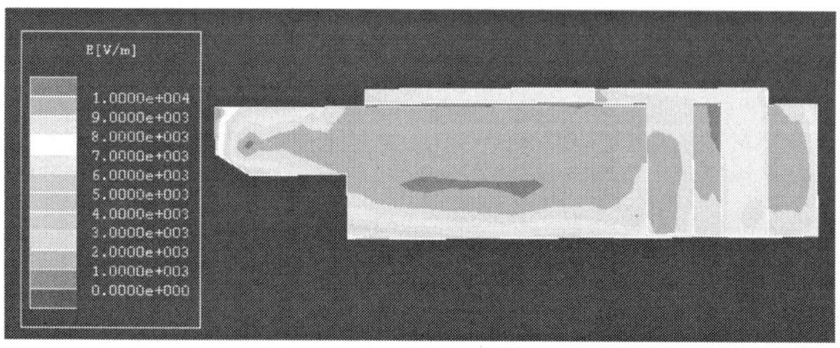

② 위에서 바라보았을 때

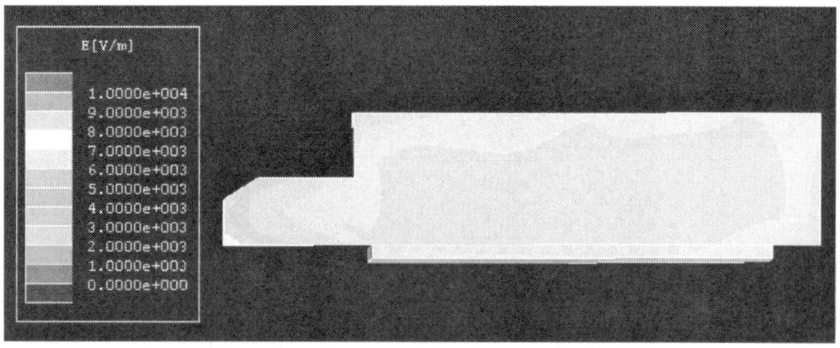

(2) New 모델 : 2×10^4 정도(Old보다 2배 큼)

① 아래에서 바라보았을 때

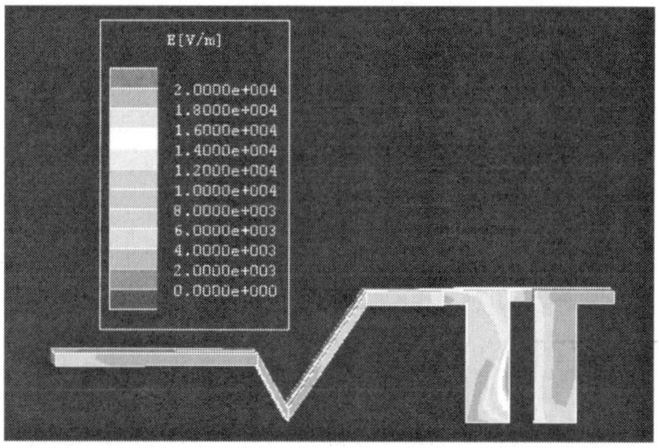

② 정면에시 바라보았을 때

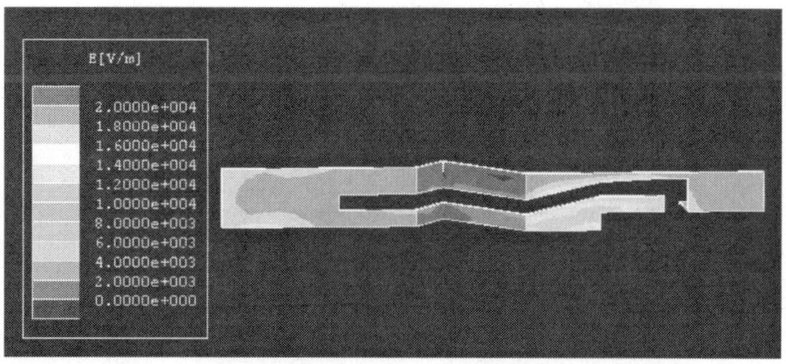

3) 전류밀도 J 비교

① Old 모델 : 52A/m 정도임(절대적인 값이 아니고 상대 비교치임)

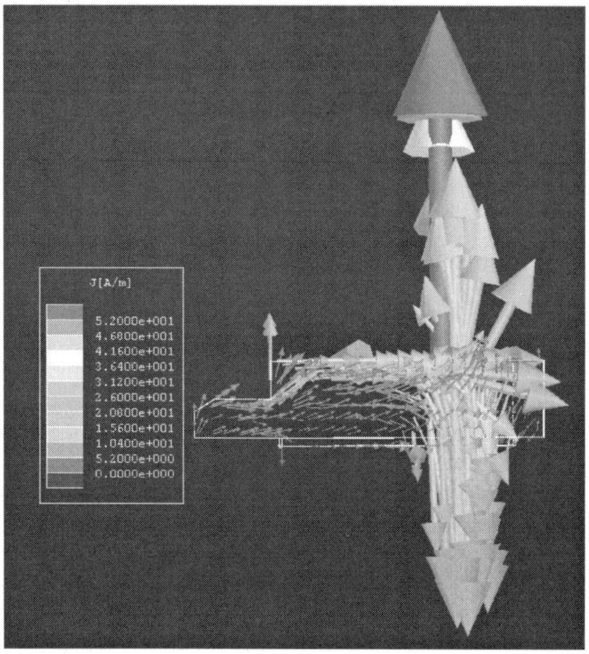

② New 모델 : 135A/m임(Old보다 2배 이상 큼)

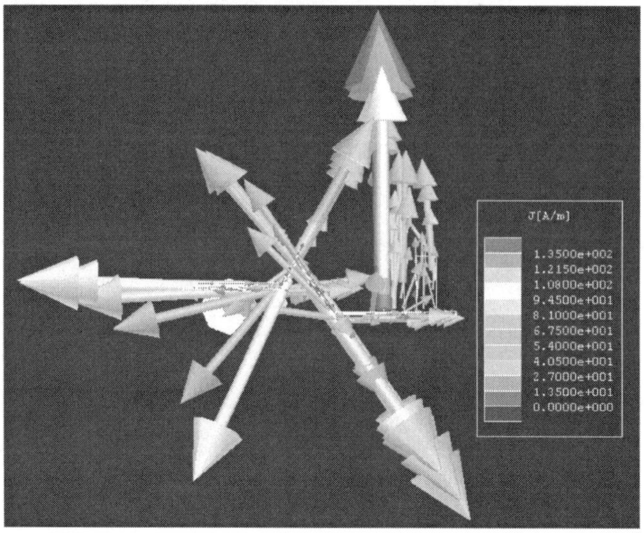

4) 방사패턴(2D)

(1) Old 모델

- E1 패턴

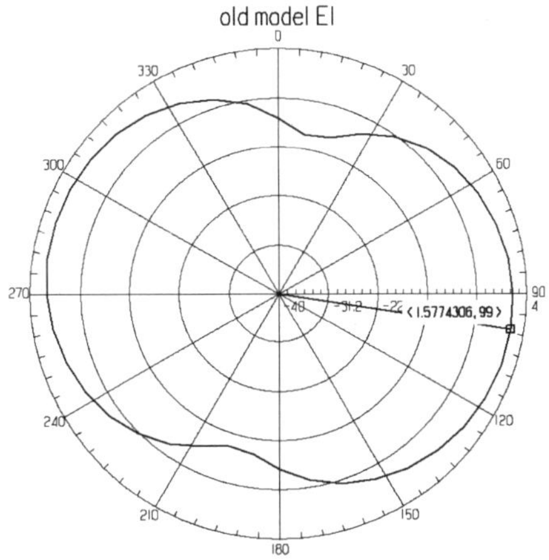

- E2 패턴

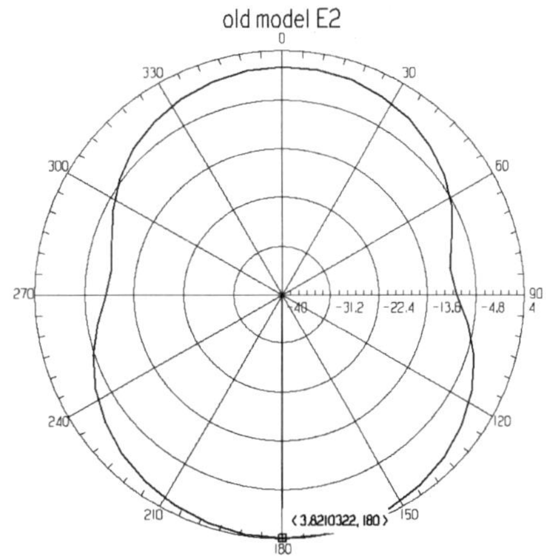

- H 패턴

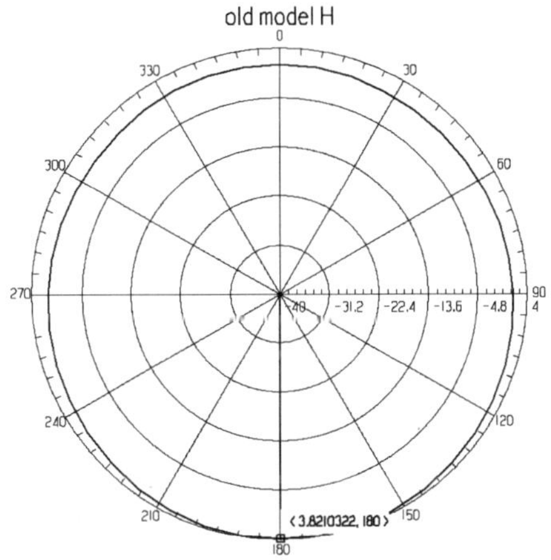

(2) New 모델

- E1 패턴

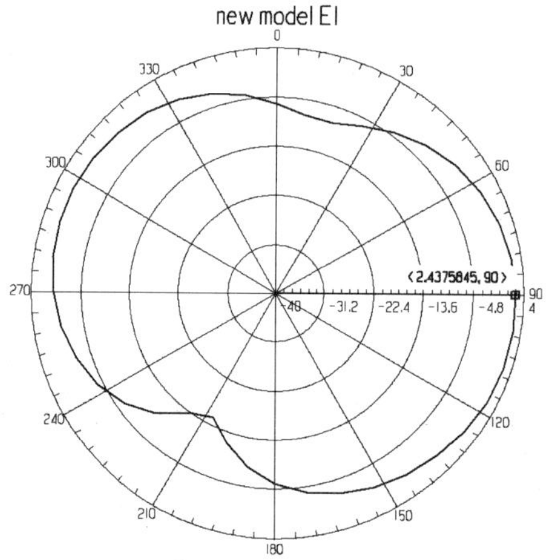

- E2 패턴

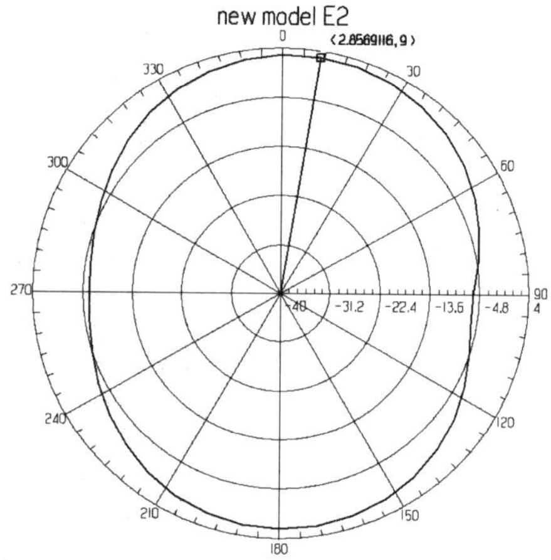

- H 패턴

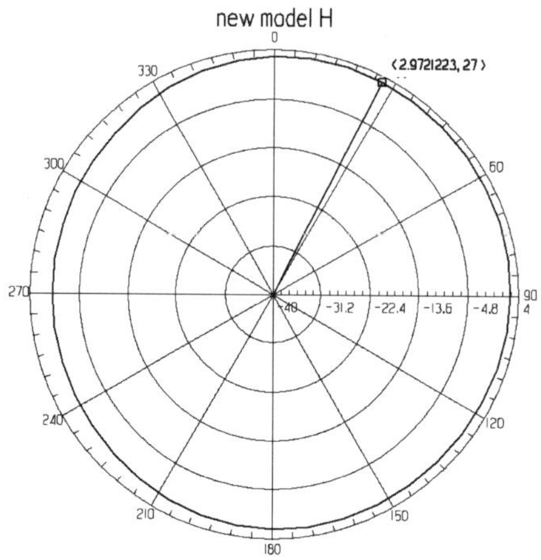

5) 3D 패턴 비교

(1) Old 모델

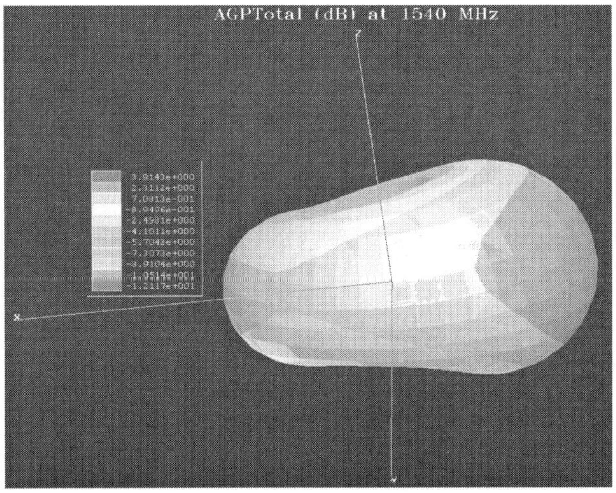

(2) New 모델

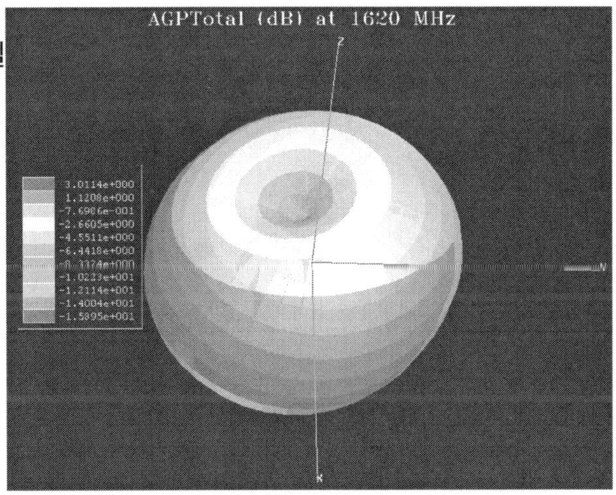

6) 응용구조 : 멀티공진 구조

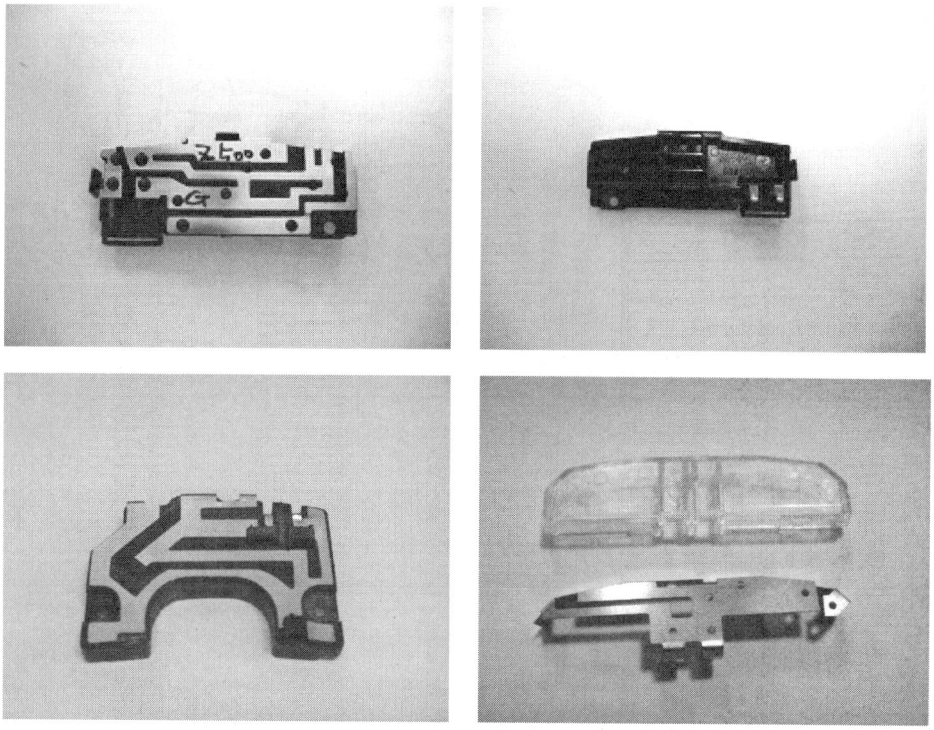

- Slide down

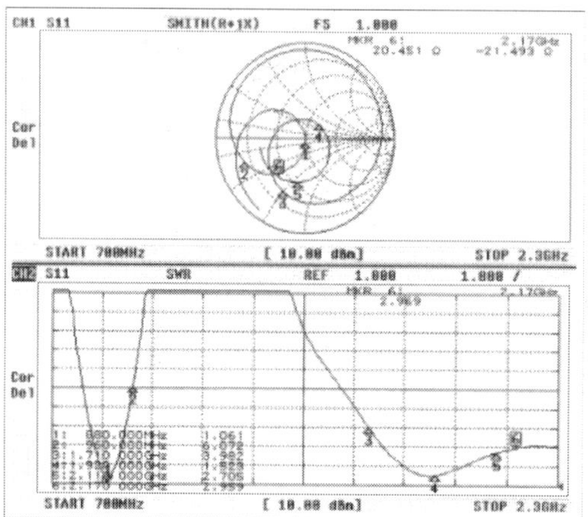

- Slide up

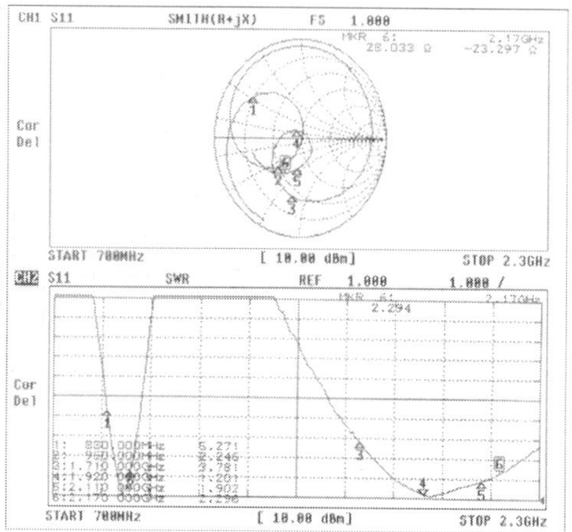

4. 설계를 위한 안테나 제원

1) 공통사항

(1) 캐리어(Carrier) 모델

- 앞면

- 뒷면

① 캐리어 치수 그림 파일 : Given

② 재질 : 폴리카보네이트, $\varepsilon_r = 3.0$, $\tan\delta$ = Nothing

(2) PCB 모델

① 기판 : Epoxy 1.0t, $\varepsilon_r = 4.5$, $\tan\delta = 0.019$

② 기판 전면 치수 : 상단면 패턴없음. 그 외 PIFA와 동일

③ 기판 후면 : 전체 접지(GND) 단, 상단면 제외

④ Through hole : dia 2.5mm

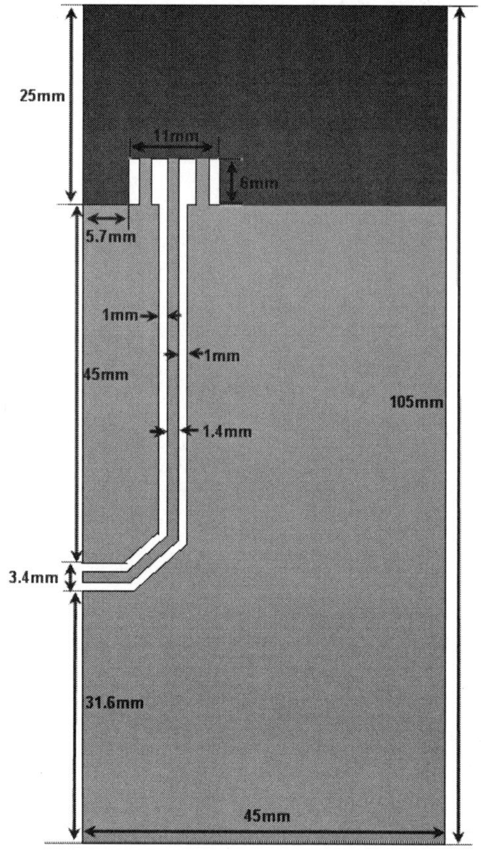

(3) 실물형태

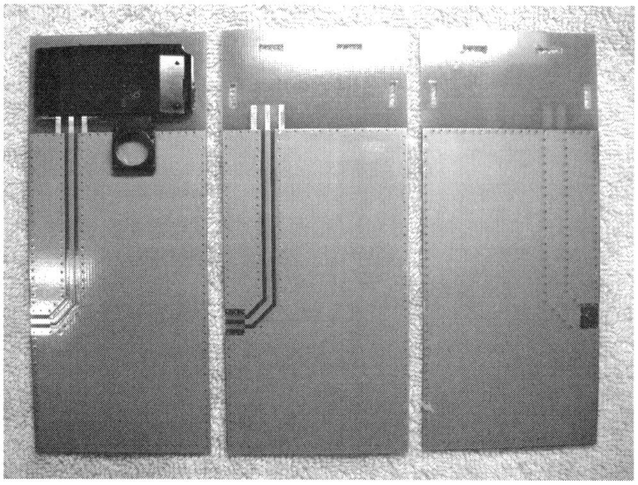

(4) 적용주파수

- 1조 : GSM(890-960M)/ DCS(1710-1880M) dual 공진
- 2조 : CDMA(824-894M)/ USPCS(1850-1990M) dual 공진
- 3조 : CDMA(824-894M)/ DCS(1710-1880M) dual 공진
- 4조 : GSM(890-960M)/ PCS(1750-1870M) dual 공진
- 5조 : GSM(890-960M)/ USPCS(1850-1990M) dual 공진
- 6조 : CDMA(824-894M)/ PCS(1750-1870M) dual 공진
- 7조 : GSM(890-960M)/ DCS(1710-1880M) dual 공진
- 8조 : CDMA(824-894M)/ USPCS(1850-1990M) dual 공진
- 9조 : CDMA(824-894M)/ DCS(1710-1880M) dual 공진
- 10조 : GSM(890-960M)/ PCS(1750-1870M) dual 공진
- 11조 : GSM(890-960M)/ USPCS(1850-1990M) dual 공진
- 12조 : CDMA(824-894M)/ PCS(1750-1870M) dual 공진

2) Input impedance = 50Ω

5. 실험순서

① HFSS에 의한 1차 설계 후 발표
② 1차 결과 수정보완 및 HFSS에 의한 2차 설계 후 발표
③ 캐리어 + 동판 제작, 측정
④ 고찰사항(이론과 측정치의 비교검토 및 고찰)

6. 리포트 사항

① HFSS 결과(안테나 모델, S11, 전계분포도(S11 = −10dB 상하 주파수에서) 전류분포도(″), H 및 E1, E2, 3D 패턴)
② S11 측정결과

결과 예시

1. 모 델

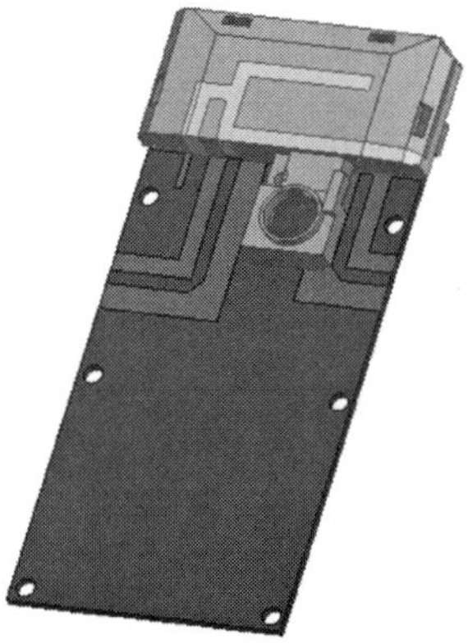

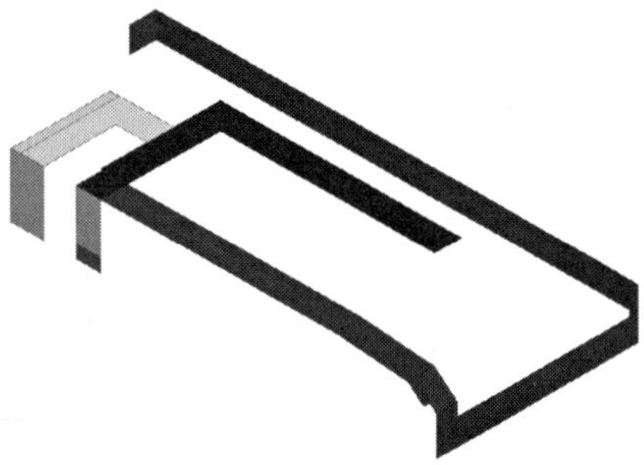

2. S11

<table>
<tr><td>설
계</td><td>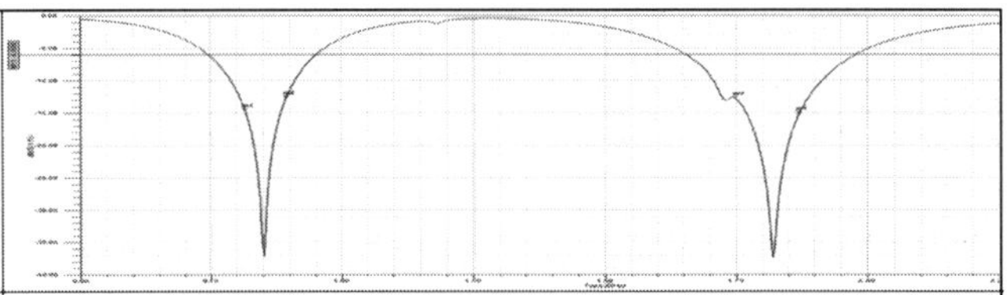</td></tr>
<tr><td>제
작</td><td>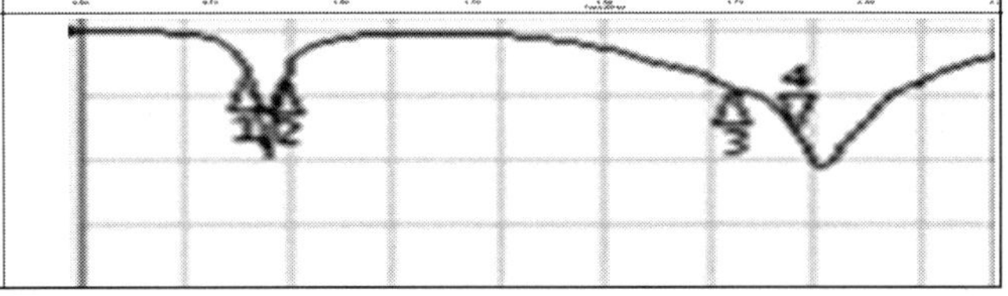</td></tr>
</table>

3. 전계강도

824MHz Min 0 Max 20000	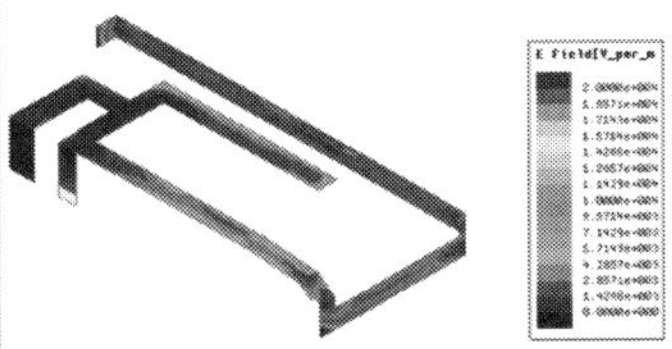	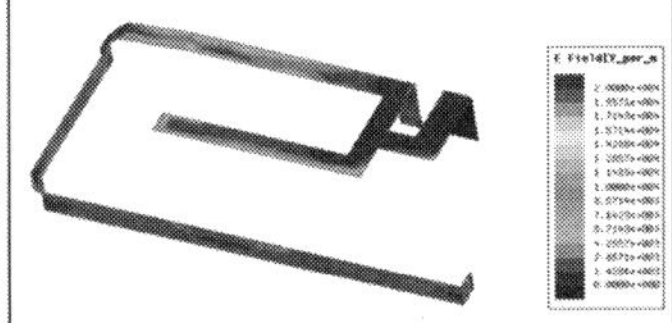

	우상단(앞면)	좌상단(뒷면)
1750MHz Min 0 Max 10000	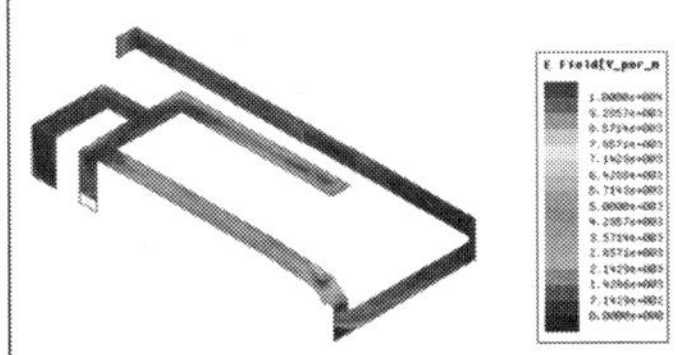	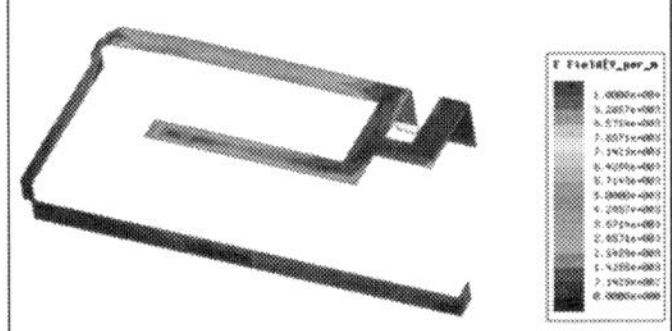

4. 전류밀도

824MHz Min 0.2 Max 44	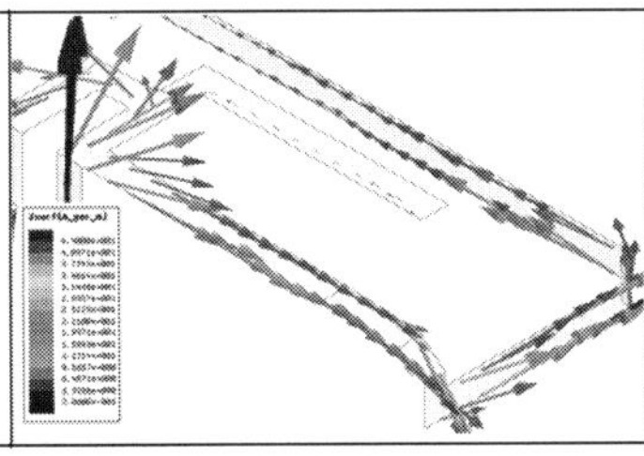	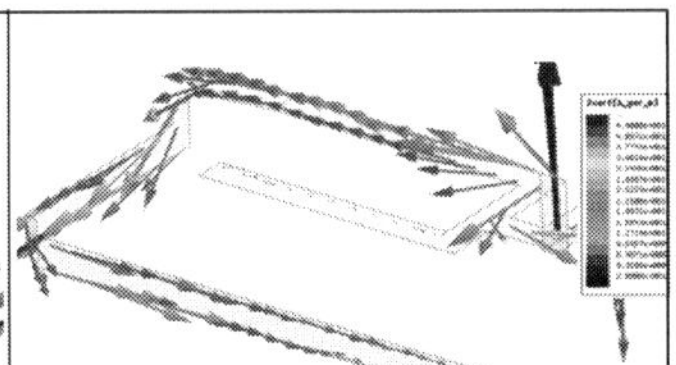

1870MHz Min 0.2 Max 44	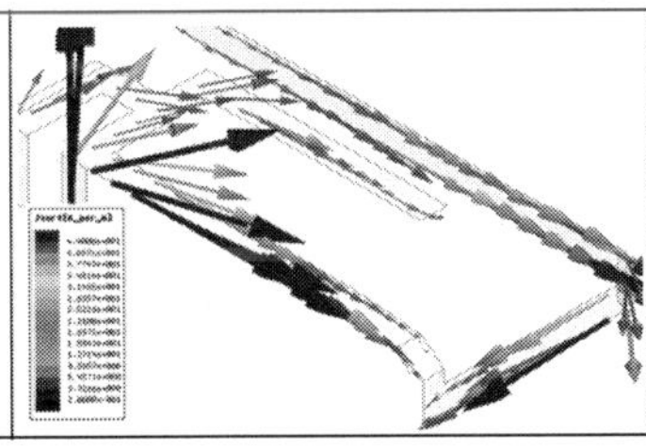	

5. 방사패턴

(1) H 패턴

설 계	제 작	
	CDMA	PCS
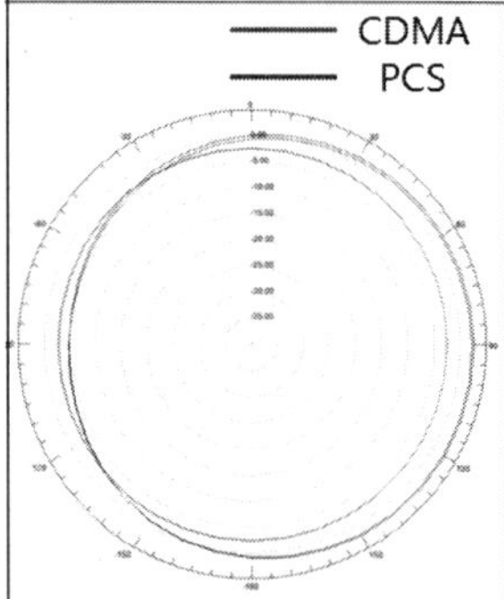	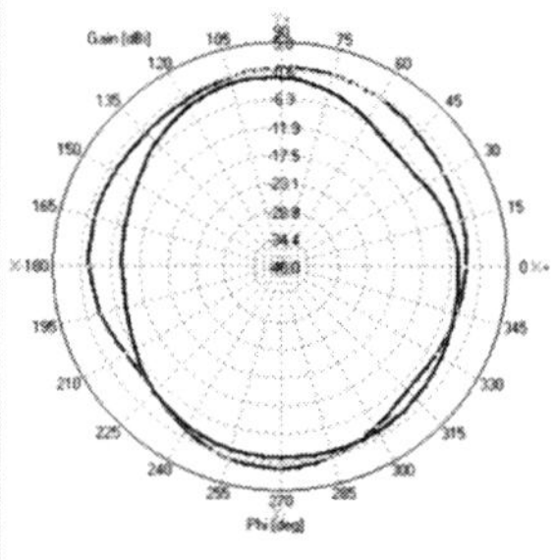	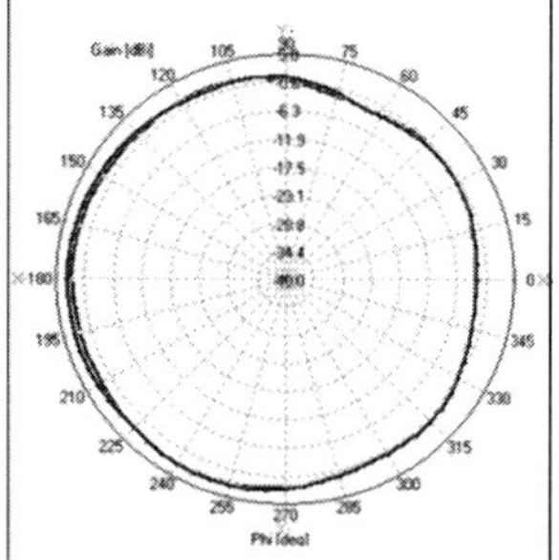

(2) E1 패턴

설 계	제 작	
	CDMA	PCS
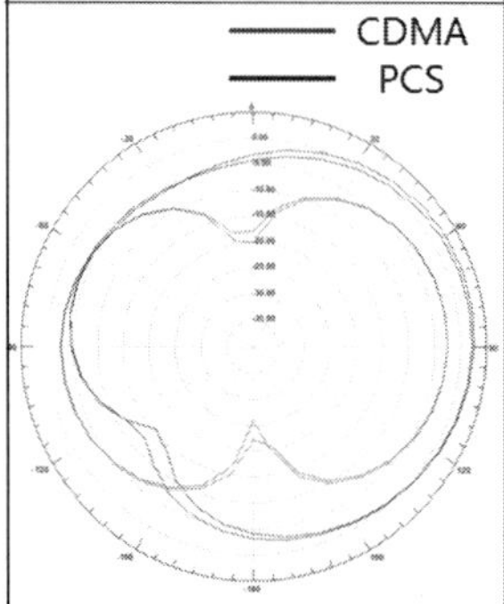	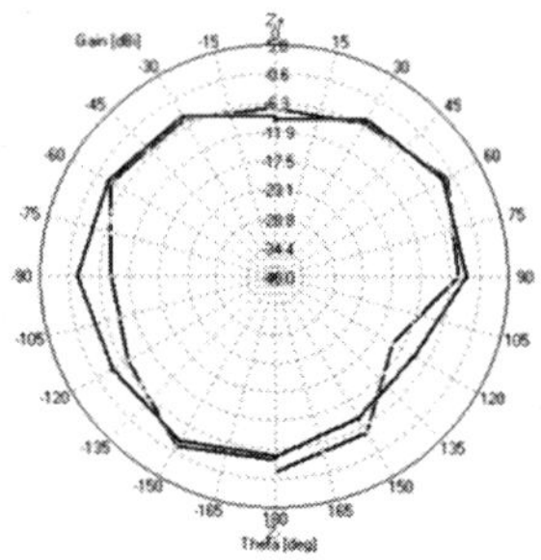	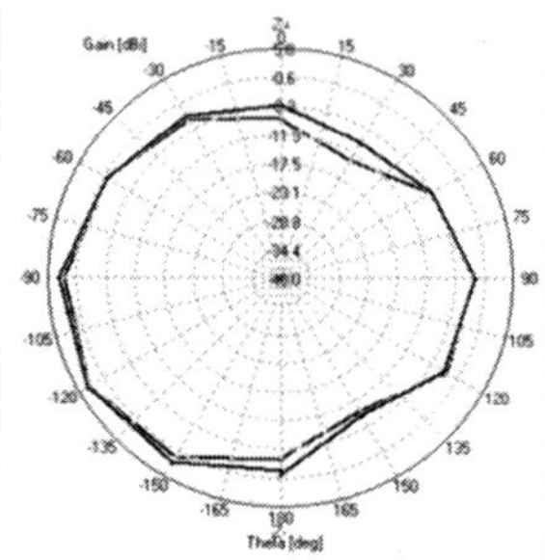

(3) E2 패턴

설 계	제 작	
	CDMA	PCS
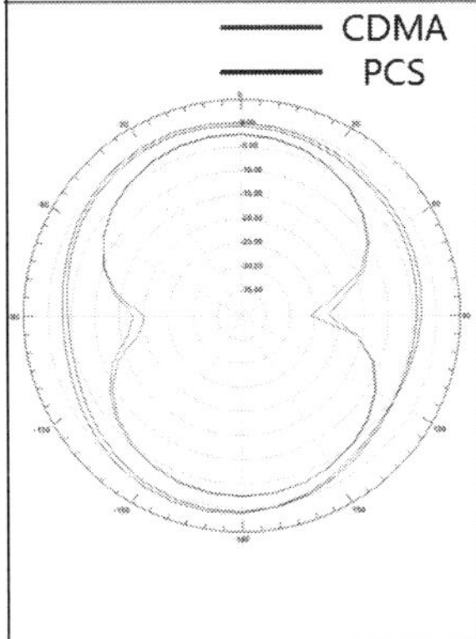	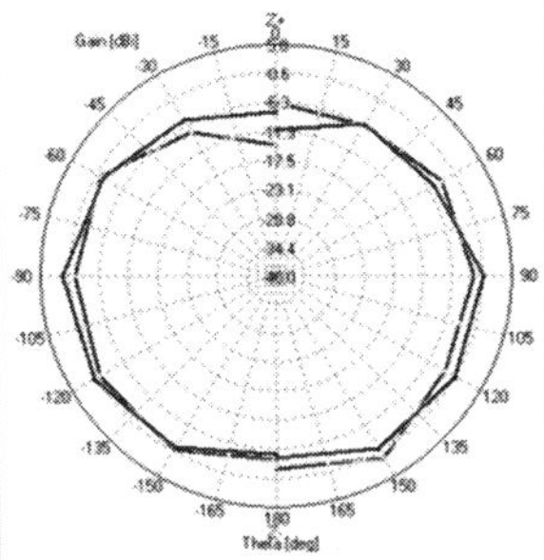	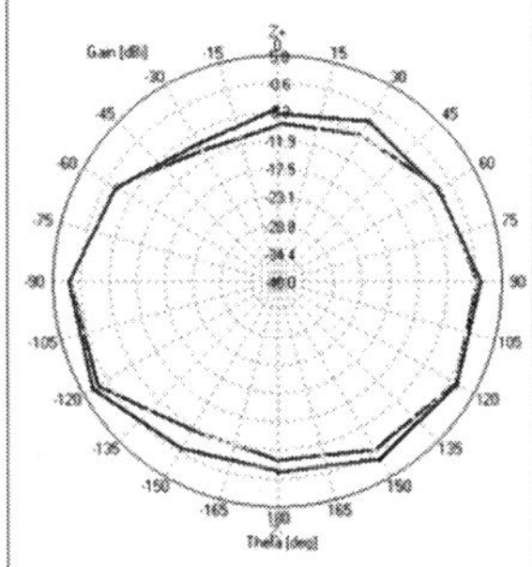

(4) 3D 패턴

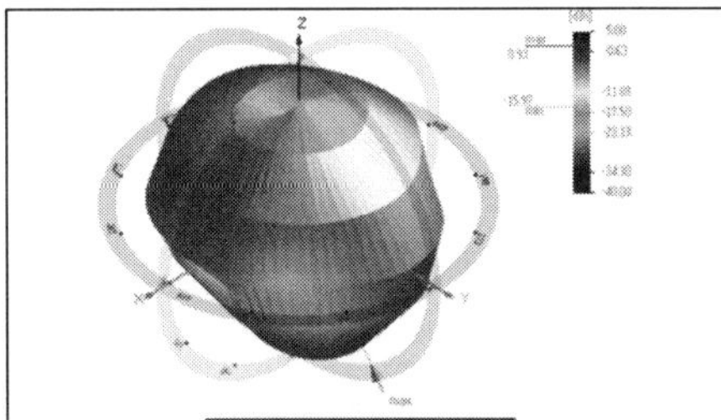 824MHz (우측면)	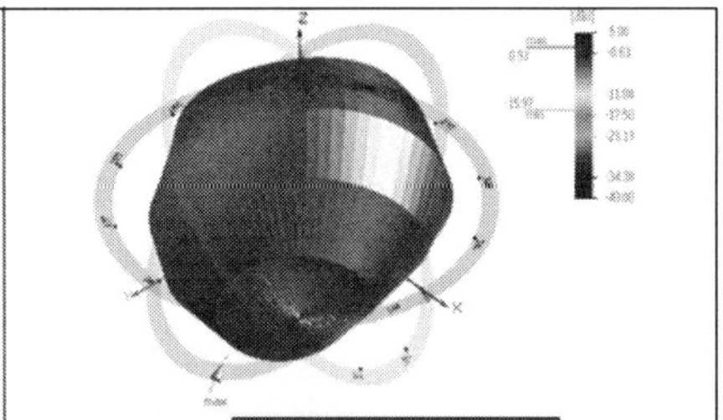 824MHz(좌측면)
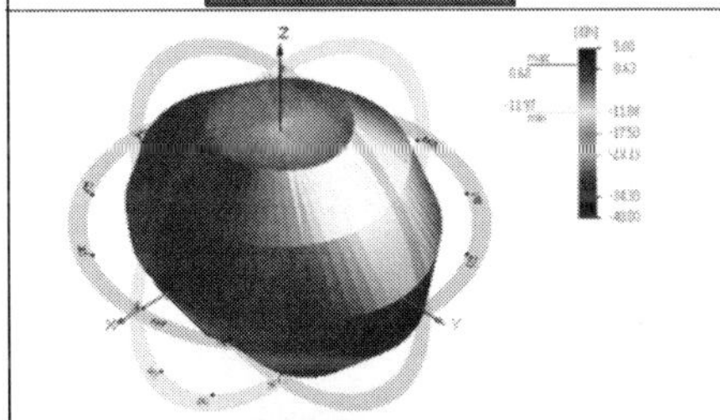 894MHz (우측면)	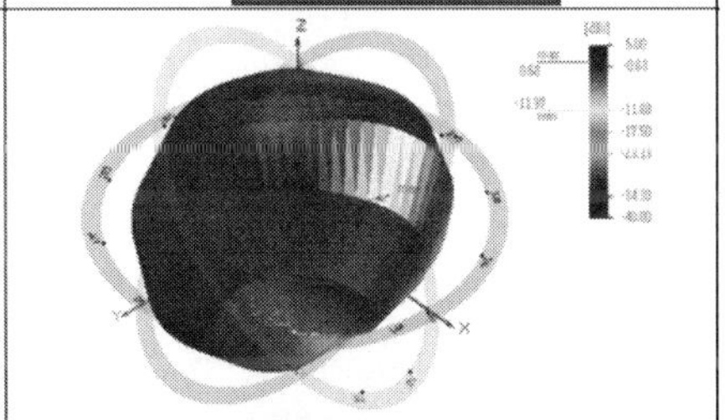 894MHz(좌측면)

6. 효율 및 이득(측정치)

	Freq.[GHz]	Eff.[%]	Avg.[dBi]
CDMA	0.824	44.07	−3.56
	0.854	63.39	−1.98
	0.894	51.45	−2.98
PCS	1.750	79.98	−0.97
	1.810	81.64	−0.88
	1.870	92.17	−0.35

4-3 Branch Line

1. 설계 안테나 명

브랜치 라인 인테나

2. 브랜치 라인 안테나가 적합한 휴대폰 구조

- 후면에 접지(ground)가 전체적 혹은 부분적으로 많이 있는 경우
- PIFA의 슬릿(slit)으로도 특성이 어려운 경우
- C(용량성) 성분이 너무 많아서 원하는 대역 주파수에서 리액턴스 중 -j 값이 큰 경우
- PIFA의 경우 C가 크게 나올 경우 PIFA의 면을 상당부분 제거하여 C값을 작게 한다.
- 더불어 Series C가 나타나도록 안테나 선로 간 용량성을 갖도록 설계한다.

3. 설계 예시

1) 브랜치 라인 안테나가 적합한 폰 세트

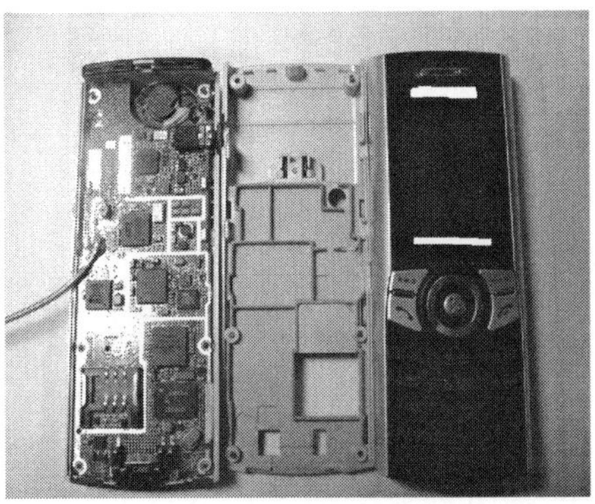

2) 설계된 브랜치 라인 안테나

3) 특 성

(1) S11

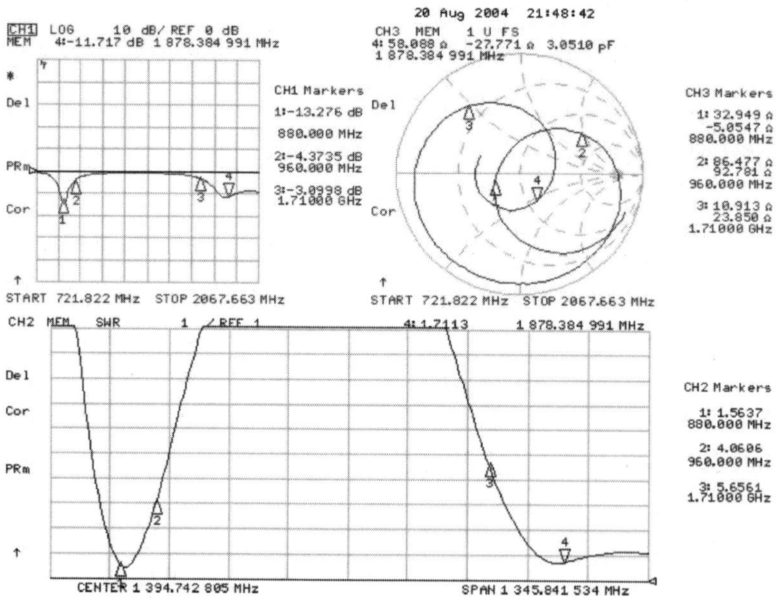

(2) H-면 방사특성

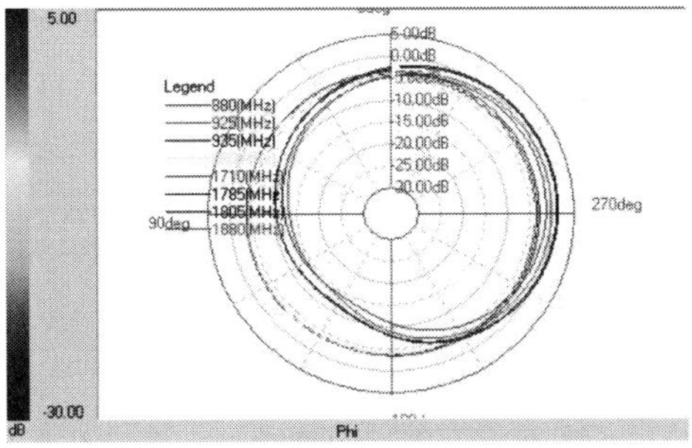

H-PLANE

Layer [MHz]	Max value [dB]	Position [deg]	Min value [dB]	Position [deg]	Average [dB]	Standard deviation
880	−2.79	270.02	−3.91	149.06	−3.49	4.37
925	−3.54	95.63	−4.49	2.84	−3.94	4.83
935	−3.34	264.36	−4.34	8.42	−3.88	4.78
960	−3.50	267.17	−4.42	5.65	−3.95	4.85
1,710	1.05	284.05	−14.41	143.45	−6.16	6.95
1,785	1.54	281.28	−12.35	140.60	−3.73	4.39
1,805	1.28	281.28	−12.12	137.83	−3.97	4.66
1,880	0.00	281.24	−14.34	129.37	−5.40	6.14

부 록

1. 이동통신 주파수 현황
2. 물질의 유전상수
3. 도파관(Waveguide) 대역 구분
4. 동축케이블(Coaxial cable) 규격표
5. 반사계수-VSWR 변환표
6. Active antenna pattern

1. 이동통신 주파수 현황

1) Analog Cellular Telephones

standard	Tx(phone to base)	Rx(base to phone)	remark
AMPS/NAMPS (Advanced Mobile Phone system)	824-849	869-894	
TACT (Total Access Comm System)	871-904(ETACS) 915-925(NTACS)	916-949(ETACS) 860-870(NTACS)	
NMT (Nordic Mobile Telephone)	453-458(NMT-450) 890-915(NMT-900)	463-468(NMT-450) 935-960(NMT-900)	

2) Digital Cellular Telephones

standard	Tx(phone to base)	Rx(base to phone)	remark
TDMA IS-54, IS-136)	824-849	869-894	
CDMA IS-95)	824-849	869-894	
GSM (Global System for Mobile Comm)	890-915	935-960	
DCS 1800 (Digital Comm System)	1710-1785	1805-1880	
PDC (Personal Digital Cellular)	940-956 1477-1501	810-826 1429-1453	
JCDMA	892-925	835-870	

3) Analog Cordless Telephone

standard	Tx(phone to base)	Rx(base to phone)	remark
CT0	46	49	한국
JCT (Japanese Cordless Telephone)	254	380	
CT1/CT1+	914/885	960/932	

4) Digital Cordless Telephone

standard	Tx(phone to base)	Rx(base to phone)	remark
CT2/CT2+	864/944	868/948	한국
DECT (Digital European CT)	1880-1900	1880-1900	
PHS (Personal Handy-phone System)	1895-1918	1895-1918	

5) Personal Communication Sytems

standard	Tx(phone to base)	Rx(base to phone)	remark
PCS	1750-1780 1850-1910	1840-1870 1930-1990	Korea USA

6) 3rd Generation mobile communication system

standard	Tx(phone to base)	Rx(base to phone)	remark
IMT-2000 (CDMA-2000, W-CDMA)	1920-1980	2110-2170	

7) Wireless Data(WAN, LAN)

standard	Tx(phone to base)	Rx(base to phone)	remark
CDPD (Cellular Digital Packet Data)	824-849	869-894	WAN
RAM-Mobitex	896-902(북미) 403-470(유럽,한국)	935-941(북미) 403-470(유럽,한국)	WAN
Ardis-RD-LAP	806-824	851-869	WAN
WiFi (Wireless Fidelity, IEEE 802.11)	2400-2483(북미,유럽) 2470-2499(일)	2400-2483(북미,유럽) 2470-2499(일)	LAN
WiBro(Wireless Broadband Internety, IEEE 802.16)	2330-2360	2330-2360	LAN
WiMax			LAN
LTE(Long Term Evolution)	777-787 704-716	746-756(verizon) 734-746(AT&T)	WAN

8) B-WLL

standard	Tx(phone to base)	Rx(base to phone)	remark
B-WLL (Broadband Wireless Local Loop)	24.25~24.75GHz	25.5~26.7GHz	mm wave
BMWS (Broadband Multimedia Wireless)	40.5~43.5GHz	40.5~43.5GHz	mm wave
LMDS (Local Multipoint Distribution)	27.5~31.3GHz		CATV
LMCS (Local Multipoint Comm System)	25.35~28.35GHz		
DMS (Digital Multipoint System)	24~26GHz		

9) RFID

125,135kHz, 13.56MHz, 433.9MHz, UHF(864-868MHz EU, 902-928MHz USA, 910-914MHz KOREA, 950-956MHz JAPAN), 2.45GHz

10) Industrial Scientific Medical(ISM)

902-928MHz, 2.4-2.484GHz, 5.725-5.85GHz

11) Water vibration frequency(biological effectable frequency)

915MHz, 2.45GHz, 22.125GHz

12) For other purpose(heating, molding, etc)

896MHz(UK), 915MHz, 2.45GHz, 3.3GHz, 5.8GHz, 10.525GHz

2. 물질의 유전상수

물 질	주파수	비유전율(ε_r)	tanδ(25℃)
Alumina(99.5%)	10GHz	9.5~10.	0.0003
Barium tetratitanate	6GHz	37±5%	0.0005
Beeswax	10GHz	2.35	0.005
Beryllia	10GHz	6.4	0.0003
Ceramic(A-35)	3GHz	5.60	0.0041
Fused quartz	10GHz	3.78	0.0001
Gallium arsenide	10GHz	13.	0.006
Glass(pyrex)	3GHz	4..82	0.0054
Glazed ceramic	10GHz	7.2	0.008
Lucite	10GHz	2.56	0.005
Nylon(610)	3GHz	2.84	0.012
Parafin	10GHz	2.24	0.0002
Plexiglass	3GHz	2.60	0.0057
Polyethylene	10GHz	2.25	0.004
Polystyrene	10GHz	2.54	0.00033
Porcelain(dry process)	100MHz	5.04	0.0078
Rexolite(1422)	3GHz	2.54	0.00048
Silicon	10GHz	11.9	0.004
Styrofoam(103.7)	3GHz	1.03	0.0001
Teflon	10GHz	2.08	0.0004
Titania(D-100)	6GHz	96±5%	0.001
Vaseline	10GHz	2.16	0.001
Water(distilled)	3GHz	76.7	0.157

3. 도파관(Waveguide) 대역 구분

94 **GENERAL INFORMATION**
Waveguide
Standard data chart

HP Band Designation	Frequency Range TE_{10} Mode (GHz)	Band Designations: IEC R-	Band Designations: EIA WR-	Band Designations: British WG-	Band Designations: JAN[1] RG-	Band Designations: Other Common Usage	Material B-Brass A-Alum. S-Silver	JAN[2] Flange Designation: Choke UG-	JAN[2] Flange Designation: Cover UG-	Waveguide Dimensions Inside: Width cm (in.)	Inside: Height cm (in.)	Inside: Tol μm (mils)	Outside: Width cm (in.)	Outside: Height cm (in.)	Outside: Tol μm (mils)	Nom. Wall Thickness mm (in.)	Cutoff Frequency (GHz)	Theoretical Attenuation Low to High Frequency[3] Brass/Alum/Silver dB/100 ft	Theoretical Attenuation Low to High Frequency[3] Brass/Alum/Silver dB/100 Meters	Theoretical[4] CW Power Low to High Frequency Megawatts (Kilowatts)
	1.12 - 1.70	14	650	6	69 103	L	B A		417B 418B	16.510 (6.50)	8.255 (3.25)	±12.7 ±5	16.916 (6.66)	8.661 (3.41)	±12.7 (±5)	2.03 (0.080)	0.908	0.412 - 0.272 0.269 - 0.178	1.353 - 0.894 0.883 - 0.584	11.8 - 17.1
[illegible]	1.45 - 2.20	18	510	7			B A			12.954 (5.10)	6.477 (2.55)	±12.7 ±5	13.360 (5.26)	6.883 (2.71)	±12.7 (±5)	2.03 (0.080)	1.16	0.574 - 0.390 0.374 - 0.255	1.883 - 1.280 1.229 - 0.836	7.5 - 10.6
	1.70 - 2.60	22	430	8	104 105	LS	B A		435B 437B	10.922 (4.3)	5.461 (2.15)	±12.7 ±5	11.328 (4.46)	5.867 (2.31)	±12.7 (±5)	2.03 (0.080)	1.375	0.759 - 0.504 0.496 - 0.329	2.492 - 1.655 1.626 - 1.080	5.2 - 7.5
	2.20 - 3.30	26	340	9A	112 113		B A		553A 554A	8.636 (3.40)	4.318 (1.70)	±12.7 ±5	9.042 (3.56)	4.724 (1.86)	±12.7 (±5)	2.03 (0.080)	1.735	1.030 - 0.716 0.673 - 0.468	3.382 - 2.352 2.207 - 1.535	3.4 - 4.71
S	**2.60 - 3.95**	**32**	**284**	**10**	**48 75**		**B A**	**54 585A**	**53 584**	**7.214 (2.84)**	**3.404 (1.34)**	**±12.7 ±5**	**7.620 (3.00)**	**3.810 (1.50)**	**±12.7 (±5)**	**2.03 (0.080)**	**2.080**	**1.435 - 0.982 0.937 - 0.642**	**4.711 - 3.225 3.074 - 2.105**	**2.18 - 3.1**
	3.30 - 4.90	40	229	11A	— —		B A		CMR229 —	5.817 (2.29)	2.908 (1.145)	±12.7 ±5	6.142 (2.418)	3.233 (1.273)	±12.7 (±5)	1.63 (0.064)	2.59	1.828 - 1.296 1.194 - 0.846	6.002 - 4.255 3.917 - 2.777	1.56 - 2.14
G	**3.95 - 5.85**	**48**	**187**	**12**	**49 95**	CH	**B A**	**148C 406B**	**149A 407**	**4.755 (1.872)**	**2.215 (0.872)**	±12.7 ±5	**5.080 (2.00)**	**2.540 (1.00)**	±12.7 (±5)	**1.63 (0.064)**	**3.16**	**2.695 - 1.869 1.760 - 1.220**	**8.849 - 6.134 5.774 - 4.003**	**(941 - 1317)**
C	4.90 - 7.05	58	159	13	— —	C	B A		CMR159 —	4.039 (1.59)	2.019 (0.759)	±10.2 ±4	4.364 (1.718)	2.344 (0.923)	±10.2 (±4)	1.63 (0.064)	3.71	3.091 - 2.324 2.019 - 1.518	10.15 - 7.630 6.622 - 4.980	(754 - 983)
J	**5.85 - 8.20**	**70**	**137**	**14**	**50 106**	XN,CG	**B A**	**343B 440B**	**344 441**	**3.484 (1.372)**	**1.580 (0.622)**	±10.2 ±4	**3.810 (1.50)**	**1.905 (0.750)**	±10.2 (±4)	**1.63 (0.064)**	**4.29**	**3.821 - 3.018 2.496 - 1.971**	**12.54 - 9.907 8.187 - 6.465**	**(554 - 696)**
H	**7.05 - 10.00**	**84**	**112**	**15**	**51 68**	**XB,W**	**B A**	**52B 137B**	**51 138**	**2.850 (1.122)**	**1.262 (0.497)**	±10.2 ±4	**3.175 (1.25)**	**1.588 (0.625)**	±10.2 (±4)	**1.63 (0.064)**	**5.26**	**5.355 - 4.161 3.497 - 2.717**	**17.58 - 13.66 11.47 - 8.913**	**(355 - 454)**
	7.00 - 11.00	—	102	—	— —		B A			2.591 (1.02)	1.295 (0.510)	±7.6 ±3	2.845 (1.12)	1.549 (0.610)	±7.6 (±3)	1.27 (0.050)	6.50	6.939 - 4.360 4.532 - 2.848	22.78 - 14.31 14.87 - 9.34	(280 - 424)
X	**8.20 - 12.40**	**100**	**90**	**16**	**52 67**		**B A**	**40B 136B**	**39 135**	**2.286 (0.90)**	**1.016 (0.40)**	**±7.6 ±3**	**2.540 (1.00)**	**1.270 (0.50)**	**±7.6 (±3)**	**1.27 (0.050)**	**6.56**	**8.362 - 5.784 5.461 - 3.778**	**27.45 - 18.99 17.91 - 12.39**	**(206 - 293)**
M	**10.00 - 15.00**	**120**	**75**	**17**	— —		**B A**			**1.905 (0.75)**	**0.953 (0.375)**	**±7.6 ±3**	**2.159 (0.850)**	**1.207 (0.475)**	**±7.6 (±3)**	**1.27 (0.050)**	**7.88**	**9.893 - 6.909 6.461 - 4.512**	**32.48 - 22.68 21.19 - 14.80**	**(166 - 229)**
P	**12.40 - 18.00**	**140**	**62**	**18**	**91 — 107**	KU,Y,U	**B A S**	**541A — —**	**419 — —**	**1.580 (0.622)**	**0.790 (0.311)**	**±6.4 ±2.5**	**1.783 (0.702)**	**0.993 (0.391)**	**±7.6 (±3)**	**1.02 (0.040)**	**9.49**	**12.46 - 0.162 8.141 - 5.984 6.165 - 4.531**	**40.92 - 30.08 26.71 - 19.63 20.22 - 14.87**	**(119 - 157)**
N	**15.00 - 22.00**	**180**	**51**	**19**	— —		**B A S**			**1.295 (0.510)**	**0.648 (0.255)**	**±6.4 ±2.5**	**1.499 (0.590)**	**0.851 (0.335)**	**±7.6 (±3)**	**1.02 (0.040)**	**11.6**	**17.02 - 12.33 11.12 - 8.054 8.418 - 6.099**	**55.88 - 40.49 36.47 - 26.42 27.62 - 20.01**	**(79 - 106)**
K	**18.00 - 26.50**	**220**	**42**	**20**	**53 121 66**		**B A S**	**596A 598A —**	**595 (425)[5] 597 —**	**1.067 (0.420)**	**0.432 (0.170)**	**±5.1 ±2**	**1.270 (0.500)**	**0.635 (0.250)**	**±7.6 (±3)**	**1.02 (0.040)**	**14.1**	**26.66 - 19.58 17.41 - 12.79 13.18 - 9.684**	**87.51 - 64.28 57.11 - 41.95 43.25 - 31.77**	**(43 - 58)**
	22.00 - 33.00	260	34	21	— — —		B A S		1530	0.864 (0.340)	0.432 (0.170)	±5.1 ±2	1.067 (0.420)	0.635 (0.250)	±7.6 (±3)	1.02 (0.040)	17.3	32.58 - 22.66 21.27 - 14.80 16.11 - 11.20	106.94 - 74.37 69.79 - 48.54 52.86 - 36.76	(34 - 47)
R	**26.50 - 40.00**	**320**	**28**	**22**	— — **96**	V,KA,U	**B A S**	**600A**	**599 (381)[5] — —**	**0.711 (0.280)**	**0.356 (0.140)**	**±3.8 ±1.5**	**0.914 (0.360)**	**0.559 (0.220)**	**±5.1 (±2)**	**1.02 (0.040)**	**21.1**	**44.29 - 30.33 28.92 - 19.81 21.9 - 15.00**	**145.4 - 99.57 94.88 - 64.98 71.85 - 49.21**	**(23 - 32)**
	33.00 - 50.00	400	22	23	— 97	Q	B S		383 —	0.569 (0.224)	0.284 (0.112)	±2.5 ±1	0.772 (0.304)	0.488 (0.192)	±5.1 (±2)	1.02 (0.040)	26.35	30.84 - 20.96	101.2 - 67.78	(14 - 20)
	40.00 - 60.00	500	19	24	— —		B S			0.478 (0.188)	0.2388 (0.094)	±2.5 ±1	0.681 (0.268)	0.442 (0.174)	±5.1 (±2)	1.02 (0.040)	31.4	38.79 - 27.21	127.3 - 89.25	(10 - 14)
V	50.00 - 75.00	620	15	25	— 98	M	B S		385 —	0.3759 (0.148)	0.1879 (0.074)	±2.5 ±1	0.579 (0.228)	0.391 (0.154)	±5.1 (±2)	1.02 (0.040)	39.9	57.30 - 39.15	188.0 - 128.4	(6 - 9)
	60.00 - 90.00	740	12	26	— 99	E	B S		387 —	0.3099 (0.122)	0.1549 (0.061)	±1.3 ±0.5	0.5130 (0.202)	0.3581 (0.141)	±5.1 (±2)	1.02 (0.040)	48.4	78.33 - 52.51	256.9 - 172.3	(4 - 6)
	75.00 - 110.00	900	10	27	— —					0.2540 (0.100)	0.1270 (0.050)	±1.3 ±0.5	0.4572 (0.180)	0.3302 (0.130)	±5.1 (±2)	1.02 (0.040)	59.0	100.5 - 70.71	329.7 - 231.9	(3 - 4)

Abbreviations:
IEC—International Electrotechnical Commission
JAN—Joint Army Navy
EIA—Electronic Industry Association

[1] For more information refer to U.S. Military Specification, MIL-W-85, Waveguide, Rigid, Rectangular.
[2] For more information refer to U.S. Military Specification, MIL-F-3922, Flanges, Waveguide Cover.
[3] Attenuation computations: Rectangular guide, TE_{10} mode; Resistivities, Brass, (65-35) 6.63 x 10^{-6} Ω/cm; Aluminum, 2.83 x 10^{-6} Ω/cm; Silver, 1.62 x 10^{-6} Ω/cm.
[4] CW Power computations: Breakdown strength of air taken at 15,000 volts per centimeter. Safety factor of approximately 2 at sea level is assumed.
[5] HP instrumentation flanges mate with rectangular cover flanges noted. Flange adapters are available to mate with UG-425/U and UG-381/U. Specify 11515A (K-Band, 18.0 - 26.5 GHz) or 11516A (R-Band, 26.5 - 40.0 GHz).

4. 동축케이블(Coaxial cable) 규격표

1) Polyethylene dielectric(비유전율 2.25, tanδ=0.004)

Type (RG−)	특성 임피던스	중심 도체 재질	중심 도체 직경(인치)	유전체 직경(인치)	외부 도체 재질	외부 도체 직경(인치)	자켓 재질	비고
6A/U	75	CW	.0285	.189	SC	.264	NCV	
8/U	52	C	.0860	.295	C	.340	V	
8A/U	52	C	.0860	.295	C	.340	NCV	
9B/U	50	SC	.0860	.285	SC	.355	NCV	
11/U	75	TC	.0480	.295	C	.340	V	
11A/U	75	TC	.0480	.292	C	.340	NCV	
12A/U	75	TC	.0480	.292	C	.340	NCV	
55/U	53.5	C	.0320	.121	TC	.176	NP	
55B/U	53.5	SC	.0320	.121	TC	.176	BP	
58/U	53.5	C	.0320	.121	TC	.150	V	
58A/U	50	TC	.0375	.120	TC	.150	V	
58C/U	50	TC	.0375	.120	TC	.150	NCV	
59/U	73	CW	.0253	.150	C	.191	V	
59B/U	75	CW	.0230	.150	C	.191	NCV	
62/U	93	CW	.0250	.151	C	.191	V	
62A/U	93	CW	.0250	.151	C	.191	NCV	
63B/U	125	CW	.0253	.295	C	.340	NCV	
71B/U	93	CW	.0250	.151	C	.208	BP	
174/U	50	CW	.0190	.060	TC	.088	NCV	
212/U	50	SC	.0560	.189	SC	.265	NCV	
213/U	50	C	.0900	.292	C	.340	NCV	
214/U	50	SC	.0900	.292	SC	.360	NCV	
217/U	50	C	.1060	.380	C	.463	NCV	
223/U	50	SC	.0360	.120	SC	.176	NCV	

- 도체재질 : C(Bare Copper), TC(Tinned Copper), SC(Silver Covered Copper), CW(Copper Covered Steel)
- 자켓재질 : V(Polyvinylchloride), NCV(Non-Contaminating Polyvinylchloride), NP(Natural Polyethylene), BP(Black Polyethylene)

2) Teflon dielectric(비유전율 2.08, tanδ=0.0004)

Type (RG–)	특성 임피던스	중심 도체		유전체	외부 도체		자켈 재질	비고
		재질	직경(인치)	직경(인치)	재질	직경(인치)		
141/U	50		.036	.012		.210		
142/U	50		.036	.012		.210		
178B/U	50	SC			SC		FEP	
179B/U	75	SC			SC		FEP	
180B/U	93	SC			SC		FEP	
187A/U	75	SC			SC		TFE	
188A/U	50	SC			SC		TFE	
195A/U	95	SC			SC		TFE	
196A/U	50	SC			SC		TFE	
401/U	50		.064	.213		.260		
402/U	50		.036	.120		.144		
405/U	50		.020	.068		.090		

5. 반사계수 – VSWR 변환표

VSWR, Return Loss and Transmission Loss vs. Transmitted Power

VSWR	RETURN LOSS (dB)	TRANS LOSS (dB)	VOLT REFL COEFF.	POWER TRANS. (%)	POWER REFL (%)	VSWR	RETURN LOSS (dB)	TRANS LOSS (dB)	VOLT. REFL COEFF.	POWER TRANS. (%)	POWER REFL (%)
1.00	∞	.000	.00	100.0	.0	1.64	12.3	.263	.24	94.1	5.9
1.01	46.1	.000	.00	100.0	.0	1.66	12.1	.276	.25	93.8	6.2
1.02	40.1	.000	.01	100.0	.0	1.68	11.9	.289	.25	93.6	6.4
1.03	36.6	.001	.01	100.0	.0	1.70	11.7	.302	.26	93.3	6.7
1.04	34.2	.002	.02	100.0	.0	1.72	11.5	.315	.26	93.0	7.0
1.05	32.3	.003	.02	99.9	.1	1.74	11.4	.329	.27	92.7	7.3
1.06	30.7	.004	.03	99.9	.1	1.76	11.2	.342	.28	92.4	7.6
1.07	29.4	.005	.03	99.9	.1	1.78	11.0	.356	.28	92.1	7.9
1.08	28.3	.006	.04	99.9	.1	1.80	10.9	.370	.29	91.8	8.2
1.09	27.3	.008	.04	99.8	.2	1.82	10.7	.384	.29	91.5	8.5
1.10	26.4	.010	.05	99.8	.2	1.84	10.6	.398	.30	91.3	8.7
1.11	25.7	.012	.05	99.7	.3	1.86	10.4	.412	.30	91.0	9.0
1.12	24.9	.014	.06	99.7	.3	1.88	10.3	.426	.31	90.7	9.3
1.13	24.3	.016	.06	99.6	.4	1.90	10.2	.440	.31	90.4	9.6
1.14	23.7	.019	.07	99.6	.4	1.92	10.0	.454	.32	90.1	8.9
1.15	23.1	.021	.07	99.5	.5	1.94	9.9	.468	.32	89.8	10.2
1.16	22.6	.024	.07	99.5	.5	1.96	9.8	.483	.32	89.5	10.5
1.17	22.1	.027	.08	99.4	.6	1.98	9.7	.497	.33	89.2	10.8
1.18	21.7	.030	.08	99.3	.7	2.00	9.5	.512	.33	88.9	11.1
1.19	21.2	.033	.09	99.2	.8	2.50	7.4	.881	.43	81.6	18.4
1.20	20.8	.036	.09	99.2	.8	3.00	6.0	1.249	.50	75.0	25.0
1.21	20.4	.039	.10	99.1	.9	3.50	5.1	1.603	.56	69.1	30.9
1.22	20.1	.043	.10	99.0	1.0	4.00	4.4	1.938	.60	64.0	36.0
1.23	19.7	.046	.10	98.9	1.1	4.50	3.9	2.255	.64	59.5	40.5
1.24	19.4	.050	.11	98.9	1.1	5.00	3.5	2.553	.67	55.6	44.4
1.25	19.1	.054	.11	98.8	1.2	5.50	3.2	2.834	.69	52.1	47.9
1.26	18.8	.058	.12	98.7	1.3	6.00	2.9	3.100	.71	49.0	51.0
1.27	18.5	.062	.12	98.6	1.4	6.50	2.7	3.351	.73	46.2	53.8
1.28	18.2	.066	.12	98.5	1.5	7.00	2.5	3.590	.75	43.7	56.2
1.29	17.9	.070	.13	98.4	1.6	7.50	2.3	3.817	.76	41.5	58.5
1.30	17.7	.075	.13	98.3	1.7	8.00	2.2	4.033	.78	39.5	60.5
1.32	17.2	.083	.14	98.1	1.9	8.50	2.1	4.240	.79	37.7	62.3
1.34	16.8	.093	.15	97.9	2.1	9.00	1.9	4.437	.80	36.0	64.0
1.36	16.3	.102	.15	97.7	2.3	9.50	1.8	4.626	.81	34.5	65.5
1.38	15.9	.112	.16	97.5	2.5	10.00	1.7	4.807	.82	33.1	66.9
1.40	15.6	.122	.17	97.2	2.8	11.00	1.6	5.149	.83	30.6	69.4
1.42	15.2	.133	.17	97.0	3.0	12.00	1.5	5.466	.85	28.4	71.6
1.44	14.9	.144	.18	96.7	3.3	13.00	1.3	5.762	.86	26.5	73.5
1.46	14.6	.155	.19	96.5	3.5	14.00	1.2	6.040	.87	24.9	75.1
1.48	14.3	.166	.19	96.3	3.7	15.00	1.2	6.301	.88	23.4	76.6
1.50	14.0	.177	.20	96.0	4.0	16.00	1.1	6.547	.88	22.1	77.9
1.52	13.7	.189	.21	95.7	4.3	17.00	1.0	6.780	.89	21.0	79.0
1.54	13.4	.201	.21	95.5	4.5	18.00	1.0	7.002	.89	19.9	80.1
1.56	13.2	.213	.22	95.2	4.8	19.00	.9	7.212	.90	19.0	81.0
1.58	13.0	.225	.22	94.9	5.1	20.00	.9	7.413	.90	18.1	81.9
1.60	12.7	.238	.23	94.7	5.3	25.00	.7	8.299	.92	14.8	85.2
1.62	12.5	.250	.24	94.4	5.6	30.00	.6	9.035	.94	12.5	87.5

6. Active antenna pattern

1) Low band pattern example

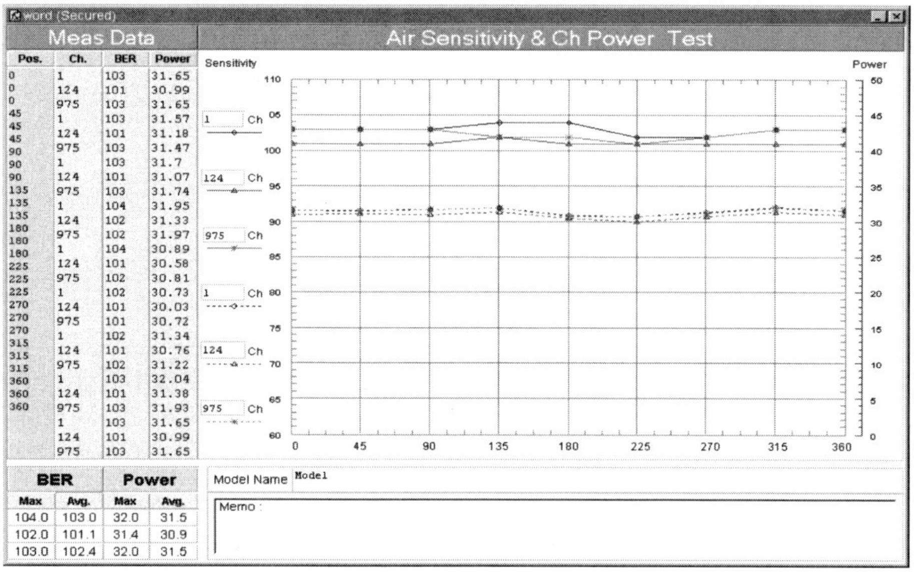

2) High band pattern example

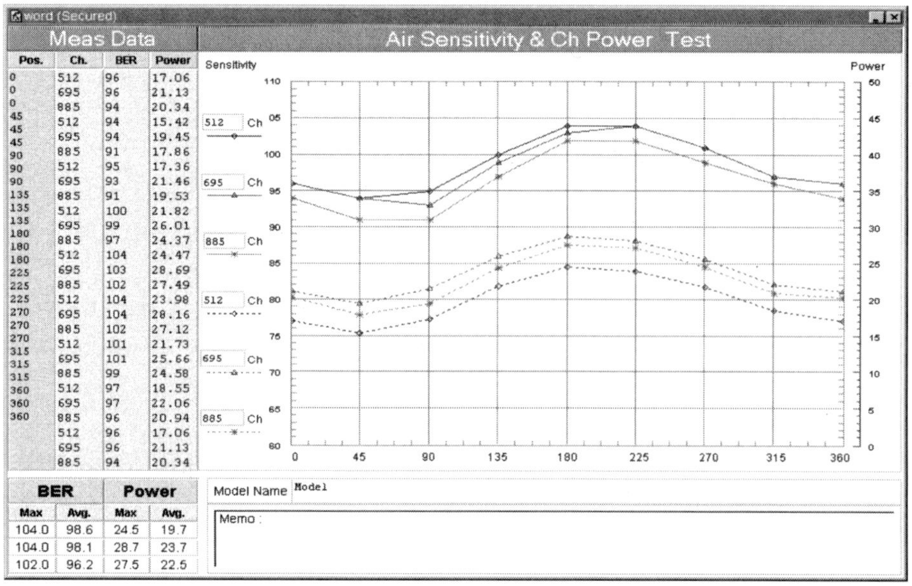

저자약력

■ 손 태 호

- 금성정밀(주) 중앙연구소 근무
- Ferranti(영) 연구원
- 한국표준과학연구원 전파천문대 객원연구원
- 정보통신부 통신기술분야 전문위원
- EEE Membership Service Committee
- 국회 정보통신특별위원회 위원
- University of Illinois 연구교수
- ㈜넛시텔레콤 위촉 연구소장
- ㈜SB텔콤 기술고문
- ㈜하이트랙스 기술고문
- ㈜동원 위촉 연구소장
- 대한전자공학회, 한국전자파학회, 한국정보통신기술학회, 한국산학기술학회 이사
- 순천향대학교 공과대학 학장, 산업정보대학원 원장
- 한국ITS학회 학회장
- (현) 순천향대학교 공과대학 정보통신공학과 교수
- (현) 한국정보통신기능대학 이사
- (현) ㈜스카이크로스코리아 기술고문

안테나 설계 및 실습

2014년 3월 10일 1판 1쇄 발행

저 자 손 태 호
발행인 남 승 우

발행처 도서출판 **상尙 학學 당堂**
서울시 동작구 사당로9가길 6(사당동)
TEL : 02) 595-1692~4
FAX : 02) 595-1394
E-mail : namdoo6@unitel.co.kr
신고 : 2-155호 (1968. 11. 29)

정가 14,000원

ISBN 978-89-6587-039-5 93560

〈디자인〉 편집 엄해숙 / 표지 나아기획